普通高等教育规划教材

生态文明与环境低碳技术概论

主　编　李　彬

副主编　王君雅　周丹丹

中国环境出版集团·北京

图书在版编目（CIP）数据

生态文明与环境低碳技术概论/李彬主编. —北京：中国环境出版集团，2024.7

普通高等教育规划教材

ISBN 978-7-5111-5494-1

Ⅰ. ①生… Ⅱ. ①李… Ⅲ. ①生态环境建设—高等学校—教材②低碳经济—高等学校—教材 Ⅳ. ①X171.4②F062.2

中国国家版本馆 CIP 数据核字（2023）第 066499 号

责任编辑　孟亚莉
封面设计　宋　瑞

出版发行　中国环境出版集团
（100062　北京市东城区广渠门内大街 16 号）
网　　址：http://www.cesp.com.cn
电子邮箱：bjgl@cesp.com.cn
联系电话：010-67112765（编辑管理部）
010-67112735（第一分社）
发行热线：010-67125803，010-67113405（传真）
印　　刷　玖龙（天津）印刷有限公司
经　　销　各地新华书店
版　　次　2024 年 7 月第 1 版
印　　次　2024 年 7 月第 1 次印刷
开　　本　787×1092　1/16
印　　张　11.75
字　　数　240 千字
定　　价　38.00 元

《生态文明与环境低碳技术概论》

编 委 会

主　编　李　彬

副主编　王君雅　周丹丹

参与编写人员　岑启宏　曾和平　周　越

刘泽伟　王海娟　邓春玲

前 言

生态兴则文明兴,生态衰则文明衰。生态文明建设关乎人类共同命运，党的十八大以来，秉持的“绿水青山就是金山银山”理念，已经成为全党全社会的共识和行动。生态文明是人类文明发展的历史趋势，是人与自然和谐发展的阶段性成果。改革开放以来，中国经济发展取得了巨大成就，但经济高速增长的同时，碳排放量也迅速增加。低碳技术是一类能够有效降低碳能源消耗、减少二氧化碳等温室气体排放、减缓气候变化的环境友好技术。守护祖国的绿水青山，做强金山银山，走出一条生态产业化、产业生态化和低碳经济化的绿色发展之路，是我国当前经济发展的必由之路。当前我国许多地区在绿色低碳经济和生态文明建设方面已经有了很好的探索和积累，为实现环境低碳技术和生态文明建设打下了坚实的基础。把绿色低碳循环经济体系和保护生态环境的目标相结合，体现了生态文明和经济文明的有机统一。

此外，环境类专业课程培养体系，也必须坚持将降碳、减污、扩绿、增长协同推进，以数字化改革为动力，以体制机制改革为重点，促进绿色低碳生态文明建设，培养具有低碳化理念和技术的高层次人才。以生态文明体制改革的系统化和集成化大力发展绿色经济，实现数字化改革与低碳发展体系的有机结合。要持续推进生态文明体制改革的系统化和集成化，不断提升城市、工业和农村的污水收集和治理率，促进城乡生态环境的协同保护，加大力度开展绿色低碳活动，激发各行各业的绿色经济活力，实现生态文明与环境低碳技术的有机结合，为绿色低碳经济目标的实现奠定发展基础。

当前我国处在将生态文明建设与环境低碳技术相结合的关键时期。本书针对当前国内现有的生态文明成果与环境保护现状，分析现阶段生态文明建设的基础和面临的挑战，探讨如何将工业、农业和城市发展与环境低碳技术进行有机结合。生态文明与生态经济密切联系，本书运用环境低碳经济学、生态环境经济理论等相关知识，对我国当前的生态文明建设和环境低碳技术进行了综合性分析。在结合当前我国生态文明建设和环境低碳技术发展现状的基础上，回顾和梳理国内近年来生态经济发展成果，着力改善民生，大力发展环境低碳技术。最后，通过经济学理论和生态价值对低碳技术进行合理评估，以促进生态文明与环境低碳技术共同发展。

本书由昆明理工大学多名教师共同编写，全书共分为三篇 8 章内容。第一篇包含 2 章内容，主要阐述了文明与环境保护的发展进程，以及随着人类发展而演变出的生态文明理念，同时分析了当前生态文明建设所面临的未知挑战和未来的产业化问题。第二篇包含 3 章内容，主要阐述了环境低碳技术分别在农业、工业和城市中的发展历程，以及环境低碳技术在实际生活中的利用现状和未来低碳技术发展存在的问题和面临的挑战。第三篇包含 3 章内容，系统地分析了生态环境与低碳经济学之间的关系，如生态经济学的诞生及其发展历程，生态产业理论和生态转移支付，生态环境经济核算理论，以及由此引申的低碳经济理论和碳减排技术。本书由昆明理工大学李彬教授统筹策划，并主持编写了第 1、2 章的内容，王君雅教授主持编写了第 3～5 章的内容，周丹丹副教授主持编写了第 6～8 章的内容。岑启宏、曾和平、周越、刘泽伟、王海娟、邓春玲等老师参与编写了本书章节中的部分内容。全书由李彬教授统一修改和定稿。

由于编者水平有限，书中不足之处在所难免，恳请读者批评指正。本书在编写过程中引用了大量知名专家学者的著作和研究成果，在此深表谢意。同时也感谢昆明理工大学低碳技术研究中心、环境工程国家一流本科专业建设经费的大力支持，感谢中国环境出版集团在教材出版过程中给予的大力帮助，使得本书能够在很短的时间内与读者见面。

编　者

2024 年 4 月

目　录

第一篇　生态文明与环境保护

第二篇　环境低碳技术基础

第一篇

生态文明与环境保护

第 1 章　文明与发展观的演进

文明的发展和进步在不同的历史阶段呈现出不一样的特色，文明离不开人类、社会和自然。原始文明时期，人类在自然环境中生存，逐渐学习并掌握了一些生产和生活的技能，学会了使用工具。农业文明时期，人类尝试用种植的方式解决温饱，开始学会利用自然。人类社会发展到工业文明时期，贪婪和欲望驱使着人们不断向自然索取，破坏自然。多种保障性资源的短缺，不可再生能源面临枯竭，现实的残酷让人类开始重新审视和修正与自然的关系，生态文明应时而生。生态文明思想的提出标志着人类已经意识到必须学会同自然和谐相处，必须懂得尊重自然和善待自然。新文明的出现并不是偶然，生态文明是人类自己的选择，因此每个人都要认识、掌握和实践这一人类共同的选择，为了子孙后代还能够呼吸到新鲜空气，为了吾辈后人还能够看到绿水青山。

1.1　人类文明与发展的内涵

人类文明的进步离不开发展，发展往往伴随着旧事物的覆灭和新事物的产生，是一个动态的过程，由于各种矛盾而向前推进。原始社会人类为了生存和发展，不仅学会了狩猎、种植作物和养殖家禽，也创造了文字。由于人口增多，人们学会了更多的种植、养殖方法，开始依赖和利用自然，进入了农业文明时代。人类在生存得到保障后，为了得到更高质量的生活，对物质的需求越来越高，开始征服和利用自然，进入工业文明时代。在这个过程中，随着大量污染物的排放，导致环境质量变差，工业文明所造成的危害，最终通过各种途径“报复”到人类自身。人类开始反思自省，进入目前的生态文明时代，此阶段人们不再盲目地追求物质和工业发展，而是逐步走向与自然和谐相处，实现环境保护与产业发展同向同行。

1.1.1　文明的内涵

关于文明的内涵，学界至今还存在争议，没有一个权威规范的解释。很多学者都从特定的角度对文明进行研究，有自己的理解。他们认为文明是一个动态的发展过程。

第一，西方学者对文明内涵的解释。虽然在我国古典文献中不乏出现“文明”这个词汇，但是我们今天使用的近代意义上“文明”一词主要借鉴了西方文明的概念，是对西方“civilization”一词的翻译。法国思想家密拉波在1756年写的《人类之友》一书中，三次使用了文明这个词汇。这被认为是文明在近代欧洲的首次现身。之后，对文明的使用和研究也开始增多。法国哲学家沃尔内把文明作为一种社会状态，法国启蒙思想家霍尔巴赫认为文明进程就是知识的积累过程，两者都把文明作为一种未来的理想状态。法国历史学家基佐认为，文明是一种事实，可以被研究、被描写、被叙述；文明是一个海洋，可以容纳民族的一切财富、文学、科学等积极要素。法国思想家戈比诺提出了“文明的阶梯”论，认为黑种人、黄种人、白种人分别位于阶梯的下、中、上部，一切文明都来源于白种人，如果没有白种人的帮助什么都不会存在，这体现了浓厚的种族主义色彩。德国思想家斯宾格勒把文明理解为文化的一个发展阶段，文化的一个衰落阶段，认为“每一种文化都有它自己的文明，文明是文化不可避免的归宿”。英国历史学家汤因比认为文明是一个整体，可以同时包括许多同类国家；文化是文明的一个组成部分，与政治、经济同列。英籍德裔社会学家埃利亚斯从理性视角对文明进行了探究，文明一词涵盖了技术、宗教、礼仪、风俗、知识、科学等内容，既有物质内容也有精神内容。

综合来看，西方学者对文明的内涵进行了多角度、全方位的分析和概括，指出文明是一种与野蛮相对的进步状态，文明有一个漫长的发展过程，文明有物质、精神等丰富的实质内容，文明具有社会规范作用，文明有光明的前途。也有学者看到了文明的两面性，指出文明存在一定的问题。这些都对我们今天研究文明有借鉴意义。

第二，中国传统文化中的文明。在汉语言体系中，字词句段篇中，字是最基本的单元。“文”和“明”构成了汉语言文献中的“文明”一词。在现有史料记载的基础上，文明一词出现以前，文和明就分别有了特定的含义。溯其源头，可追至商朝的甲骨文。“文”在甲骨文中有多种写法，但都有相似的结构，从字形来看，是在人体上刻画花纹，而其简单的形式与今天的文字几乎无区别。在《说文解字》中就有“文，错画也，象交文(纹)”，意思是说所有的纹饰，即使是“错画”，都可以叫作“文”。在商朝，“文”字出现在帝王的名号中。比如，商王文丁就在卜辞中叫“文武丁”。在这里，文这个字就有了更深刻的含义，隐约出现文治教化的意思。“明”在甲骨文中也有好几种写法，也都是会意字。其中一种写法左日右月，与今天的“明”字神似。在商朝，明字最初作为时间概念，大体是天明时候。与“文”相同，明也出现在王室的名号中。《尚书·商书》中多次出现“明哲”“明命”“明威”等词，似乎也具备了明确、明智等含义。

文明作为一个词语出现的具体时间至今没有定论。西周铜器“叔向父禹簋”上的铭文就有“共明德”的说法，用“明德”这个词来宣扬其祖先的“文”，这就把“文”“明”二字的距离拉近了，“文明”一词也呼之欲出。从现有文献记载来看，《舜典》中的“曰若稽古，帝舜曰重华，协于帝。睿哲文明，温恭允塞”最早使用了文明一词，具有文德而光明的意思。其后，文明一词的使用就多起来了。尤其是在《易传》中，文明一词多次出现。其一，“见龙在田，天下文明”。意思是田里阳气升腾万物生长，整个大地一派欣欣向荣。其二，“文明以健，中正而应，君子正也”。意思是君子的德行应该文明并且刚健，行为也应该中正不能偏邪。其三，“其德刚健而文明，应乎天而时行，是以元亨”。意思是他的德行刚健并且文明，行事顺应天道，一切才能够昌盛。其四，“刚柔交错，天文也；文明以止，人文也”。意思是阴和阳交杂一起构成天文变化，用礼仪道德规范人的行为构成人文景观。其五，“内文明而外柔顺，以蒙大难，文王以之”。意思是周文王对内行道德、对外怀柔的方式来渡过难关。其六，“文明以说，大亨以正，革而当，其悔乃亡”。意思是文明的政策让人心服口服，坚守正道让一切顺利，变革正当时节，就能避免失败。

总结《易传》中六个文明的含义，就能对我国古典文明的内涵有大致了解。一是文明具有文采而光明的内涵，主要是指对自然现象而言。二是文明具有礼制的内涵，主要是指对社会现象而言。三是文明具有道德的内涵，主要是指对个人品质而言。除了《易传》中六个文明体现的内涵外，其他零散的古代典籍中还体现了文明的另一内涵，即文明还彰显了社会的文明状态，与野蛮时代相对。由此观之，中国古典文明的内涵与西方的“civilization”具有异曲同工之妙。

第三，马克思、恩格斯对文明内涵的界定。在长期对社会的观察和总结下，马克思、恩格斯构建起唯物主义的历史观，成为他们认识人类社会一切现象和变化的基本遵循。马克思、恩格斯对文明内涵的探讨也必然是在唯物史观视角下进行的。他们从人脱离动物着手，分析其在维持自身生存和实现不断发展过程中采取的手段和方式，探究出了人类文明产生发展进步的真谛所在。这就克服了西方资产阶级学者在研究文明时把人的精神、思维作为文明内涵和根本动力的天然缺陷。

马克思、恩格斯批判了唯心主义文明观，认为是物质造就了文明，文明具有物质内涵，有实实在在的物质基础，并且随着物质生产的进步而不断深化发展。马克思、恩格斯始终用辩证的方法来看待事物，资本主义还没有到完美的程度，也始终都存在其自身无法克服、无法突破的天然缺陷。

在对资本主义文明批判的基础上，马克思、恩格斯指出人自身能力的不断发展是文明发展的本质属性。人类社会发展本质上是个人本身力量的发展，那么，包含在人类发展之中的人类文明也必须符合这一规律。马克思、恩格斯还指出实践是文明不断发展的根本动力，既包括实践活动也包括实践能力。物质生产实践是人类生存和发展的最基本的活动，否则人不能继续存在。马克思继而指出，在实践过程中生产者通过发展生产，也会产生新观念、新语言、新思想。正是在这样循环前进的实践活动中，人的实践能力不断进步，不仅积累了物质财富，还创造了宗教、科学、政治、法律等上层建筑，让人类文明不断地向更高级迈进。“文明是实践的事，是一种社会品质”，人类实践是文明发展的根本动力。

因此，坚持历史唯物主义的基本遵循，文明内涵大概可归纳以下几个方面：①文明是人类实践创造物质财富和精神财富的总和；②文明与野蛮相对，是人类发展到一定阶段的产物；③文明是一个不断发展的过程，不会终结在某一个阶段；④文明的本质是人自身活动能力的发展，文明的动力是人的实践活动；⑤文明在本质上是平等的，不存在高低优劣之分。

普遍观点认为，人类文明是由物质文明和精神文明共同组建的，是指人类从原始野蛮逐渐建立起了公平社会的发展过程。研究者试图寻找和探测关于人类文明起源的蛛丝马迹，结果众说纷纭，其中多数科学家甚至爱因斯坦都认为，南极曾经是人类文明的起源地，并且有证据表明南极曾经没有冰雪覆盖，很有可能曾经有人类在南极生活和定居。虽然人类的起源还是个谜，但是科技是推进人类文明的动力，这一点毋庸置疑，工业文明时期的快速发展是最好的佐证。学者将人类文明的演进分为四个阶段：原始文明、农业文明、工业文明和生态文明，每一阶段都有其发展的特点和进步方向，这是人类的选择，也是自然的选择。世界四大文明古国及其特点见表 1-1。

表 1-1　世界四大文明古国及其特点

四大文明古国	古埃及	古印度	古巴比伦	中国
文明	埃及文明	印度文明	两河文明	华夏文明
发源地	尼罗河流域	恒河流域	幼发拉底河和底格里斯河	黄河流域
文化形成时间	大约公元前 5250 年	大约公元前 1000 年	大约公元前 5500 年	大约公元前 3300 年
文字	象形文字	梵文	楔形文字	甲骨文
早期城市	孟菲斯和底比斯	德里	大马士革和巴格达	良渚古城和殷墟

华夏文明源远流长，中国最早的新石器文明出现在黄河流域；第一个统一各部落的首领是黄河流域的黄帝。有这样一句话流传至今：“有了黄河才有了人，有了人才有了渠，有了渠才有了文明。”宁夏两千多年前就有引黄河水灌溉的历史记载，留下了秦渠、汉渠和唐徕渠等古老水利工程作为见证并使用至今。黄河水不仅养育了沿岸的居民，更重要的是，它为文化传承提供了源源不竭的动力。黄河在每个文明阶段都有它自己的文明印记，它能让子孙后代感受来自远古文明的魅力。

1.1.2　发展的内涵

发展是当代世界的主题之一，在深入讨论“新发展理念”之前，对“发展”进行概念的厘清是十分必要的。我们将从语言学、经济学和哲学等角度对发展一词进行理解。从语言学角度来看，发展一词，通常是指事物由小到大，由简到繁，由低级到高级，由旧事物形态到新事物形态的运动变化过程。众所周知，事物发展变化的原因是事物的内部矛盾。对发展一词的经济学理解，最好与“增长”“现代化”等联系和区别的角度来说明。除了语言学词典外，英文的专业词典很少单独解释“发展”（development）一词，通常使用“经济发展”这个词组，或者说在单独解释发展时，也往往指的是经济发展。《不列颠百科全书》英文版就从“增长”一词来解释发展，该书提出，发展通常是指从简单的、低收入的国民经济转变为现代工业经济的过程。虽然这个词有时用作经济增长的同义词，但在更多的场合被用来描述一个国家经济上的一种变化，无论是质量和还是数量都得到了提高。经济发展理论（探讨原始和贫穷的经济如何演变成成熟和相对繁荣的经济的科学）对不发达国家来说至关重要，所谓发展一词通常是在这种情况下被使用的。

另一部英文百科全书《英卡塔百科全书》更明确提出：“经济学家将增长和发展区分开来，增长一词的基本意思，是生产更多的相同产品和服务，发展的含义则是在结构和技术变化基础上的增长。”发展经济学是研究经济发展的经济学分支，试图回答经济如何从过去简单的组织和生产形式转变为复杂的现代形式。最初，男人和女人生活在自给自足的小群落里，依靠他们在环境中能够找到的东西而生活。一旦食物、燃料或材料耗尽，他们就会继续简单地迁徙。第一次重大的社会和技术发展，是从游牧生活方式向定居的农业耕作方式的转变，我们今天所知道的社会就是由此而开始的经济学上的发展一词，通常涉及社会组织和生产技术的结构性变化，不仅是数量上的增加，而且是品质上的提升，更是一个经济文化落后的国家向现代化迈进的过程。中华民族伟大复兴的过程就是“发展”，是中国建设富强、民主、文明、和谐、美丽的社会主义现代化强国的过程。

就哲学意义而言，发展这一概念在西方思想体系中的演变大致经历了三个阶段：古希腊时期、中世纪时期、资本主义时期。

在古希腊时期，以柏拉图的“理念说”为代表，“发展”主要聚焦于物质发展。这一观点指出万物都是“理念”在现实中的复刻，其发展均被限制在“理念”之内有限的过程中，其发展方向也由“理念”所既定，其发展动力局限于内部，与外部无关，发展目标也受“理念”的规范。

在中世纪时期，欧洲进入宗教社会阶段，上帝的意志统摄万物，万物皆由上帝创造。在此阶段，基督教将人作为发展考察的对象，其目的是使人皈依基督教成为上帝选民，洗清人类的原罪，舍弃“地上之城”，进入“上帝之城”。这里所谓的“发展”也是一个有限的、既定的过程，整个过程都受制于上帝，发展目标也受上帝规范。文艺复兴之后，西方社会在近代进入资本主义阶段，随着自然科学的蓬勃发展，人类对发展的理解也受到影响。在此阶段，西方学界对发展的理解开始分化，将物质发展和社会发展分开理解。他们将自然科学套用到物质发展当中，认为物质发展遵循从简单到复杂、从无序到有序的模式，按照从量变到质变的路径不断发展。物质发展是不断前进没有终结，同时也不存在规范和目的。当然，也有少部分唯心主义思想学家，如黑格尔将物质发展作为绝对精神的不断展开并从属于绝对精神，类似古希腊式的复古式解读路径。而在社会发展领域，他们同样认为社会在不断地发展，但是这种发展进入一种量的不断积累状态，而不再发生质变，因为社会状态已经进入“资本主义”这一“完美”状态。这也导致西方学界在看待社会发展的问题上，普遍进入“目的真空”和“价值真空”的停滞、终结状态。

在资本主义时期，从经济角度来看，西方学者将社会发展同经济增长联系起来，他们也在经济发展过程中不断摸索和归纳经济社会发展的规律，并希望通过把握和运用这些规律促进经济的不断增长，但是这种观点导致社会发展的片面性问题，以及社会发展目的的缺失和空白。出于对经济增长理论的批判，西方学界又衍生出需求理论，这种理论将发展的目的放置于人的需求之上。虽然这种观点大大提高了人在发展中的地位，但是这同经济增长理论一样，仍是一种对发展的片面理解。以上对发展的错误解读长期在西方学界占据主导地位，这也导致西方学界在社会发展理论领域长时间处于停滞或量变状态。这种对发展的错误理解，是我们在认识和把握发展内涵的过程中要尤为注意避免的问题。资本主义语境下对人的价值的拓展无法跳出其阶级属性，其目的旨在缓和日益尖锐的社会矛盾，而社会主义倡导对人的价值的追求，将人作为发展的核心目标。

历史唯物主义认为，发展的核心在于人，人是历史的起点。物质发展和社会发展都应该围绕人不断展开，而且这种发展是不以人的意志为转移的客观过程。就物质发展而言，它不仅是物质遵循从简单到复杂、从无序到有序的模式，按照从量变到质变的路径不断发展，物质发展还蕴含着上升性、前进性运动的含义。发展具有明确的方向，而这种方向就是其对于人和社会的价值。物质发展是其所包含的自身发展必然性的不断实现，发展过程中的偶然性也是其必然性的体现，而物质发展的目的性和价值性并非源于其自身，而是从人和社会的角度对其进行的评价。就社会发展而言，历史唯物主义视野下的社会发展基于无数个体实践活动，由这些个体实践汇聚而成的社会合力就是社会发展动力的根本源泉。这就说明社会发展是遵从内在客观规律的，其发展过程是客观且不以人的意志为转移的，人的意志作为主观因素只能在社会发展过程中起到促进或阻碍作用。同时，社会发展应当是社会各个维度和领域协同推进的过程，经济发展和人的价值关怀都是其中的重要维度，绝不能在发展过程中顾此失彼。同时，社会发展应当以人类作为社会发展的主体，其涵盖范围从横向角度而言应当覆盖全人类协同发展。当然，更应该从纵向角度对历史负责、对后代负责，使人的价值得到真正的体现和尊重。

站在历史唯物主义的视角下，人的发展同社会发展是同步实现的，社会发展应该以人的解放和自由全面发展为出发点和根本目标。也就是说，随着人类自身不断获得解放和发展，社会也应该随之共同发展进步，人类和社会的发展没有止境，社会发展不会被禁锢于某一特定历史阶段，而会是在无数个体实践形成发展合力的基础上协同人类自由全面发展。

人类的产生和人类社会的发展历史，是人类适应、利用、改造自然的过程。从采摘野果、徒手狩猎到刀耕火种，是一大进步，说明人类开始利用自然物质，加工成工具，改造自然以提高生活质量。当砍伐森林、捕杀动物、开垦土地与草原达到一定规模时，自然环境的生态平衡遭到破坏，但这时的环境问题是局部的、影响较小的。食物、居住、卫生、医疗条件的改善使死亡率下降，人口的增长加剧了对环境的破坏，但人类也在实践中逐渐学会如何保护环境。如连年耕作会使土地肥力下降而使产量降低，应该采用休耕和轮作保护耕地。中国古代大禹治水也是保护环境的典型例子。

1.2 人类文明进阶与环境观

人类文明从原始文明发展到农业文明，再发展到工业文明，最后转变为生态文明，经历了四个阶段。在这四个阶段中，人类从征服、利用自然转变为与自然和谐相处；从过度开采能源资源、奢侈浪费资源，转变为适度开发、合理利用能源，绿色消费；从不完善的环境保护法发展为相对成熟的环境保护法。

1.2.1 人类文明进阶

原始文明时期是由自然掌握和支配的（图 1-1）。人类还没有足够的能力改变和利用自然，生产生活主要依靠采集和集体狩猎。人类不仅受到温饱问题的困扰，而且突如其来的野兽和天灾也在时刻侵扰着他们宁静的生活，直到后来人类受到鸟巢的启发，开始学习用树枝和藤条搭造简易住房。黄河被称为“母亲河”，是华夏文明的发源地，它为人类的发展进步作出了不可磨灭的贡献。在藏语中黄河源头有一个好听的名字叫“玛多”，黄河从青海省发源，带给这里的人民吉祥和安康。1995 年，一座距今 5 000 多年的马家窑文化半山类型古遗址——宗日遗址在青海省同德县被发掘，其中舞蹈纹彩陶盆为泥质红陶所造，盆内绘有 24 个舞蹈人，下方绘有类似水波纹的纹饰，两组纹饰表现出人们喜庆丰收、欢快舞蹈的喜悦场景，同时连绵不绝的波浪承载着人们对黄河水土的依恋与感恩。先民把美好和欢乐深深地烙印在陶盆中，并作为一种寄托陪伴主人长眠地下。

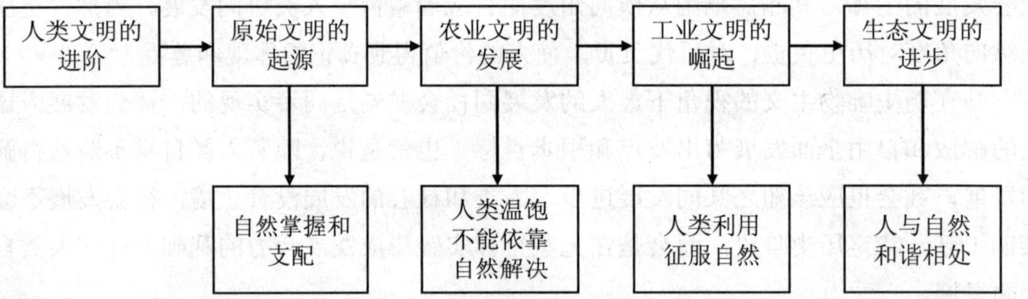

图 1-1　人类文明发展历程

陶寺遗址位于黄河中游地区山西省襄汾县陶寺村，有“最早中国”之称，1980 年考古学家在该遗址发掘出特色陶器土鼓。在距今 4 300 多年前，鼓是非常神圣的，作为礼乐器只有首领和大巫师才能使用它，据考古学家推断，土鼓主要用于祭祀和祈福。先民为了感恩自然、庆祝丰收和祈祷风调雨顺，通过敲响土鼓发出的声音向上天传达他们的敬意，同时鼓声也如奔腾的黄河象征着勃勃生机。土鼓的制作表达了中国先民对自然的崇敬和热爱，同时也是先民美好生活的展现。

从公元前 4000 年到公元 1763 年是人类农业文明时期，随着人类的进化和生产生活的需要，青铜器、铁器、陶器等工具被发明和大量使用，人类的温饱已经不能依靠自然解决，他们开始尝试刀耕火种、开垦农田、制造农具和工具，这时的人类依旧懂得尊重自然和敬畏生灵。黄河见证了人类在该时期的发展，它偶尔的“顽皮”也会给人类带来灭顶之灾。河南省濮阳市作为黄河故道上的一座城市就深有体会。

2005 年 4 月，在濮阳市五星乡高城村发生了轰动考古界的大事件，一直神秘隐藏的“东周时期卫国都城遗址”在该地被发现。这处占地约 916 万 m^2 的古城遗址一直尘封于地下，究其原因竟然是西汉时期的一场洪水。其实，高城村只是诸多平凡小村落之一，如果非要找出该地的独特之处，那就是村民口中关于附近地名的有趣流传和该地曾是卫国都城的传说，出乎意料的是，这一传说被证实成真。该遗址出土的大量陶片和生活场景的遗迹，向现代人生动地展示了古代的人民生活。由于该地位于黄河故道，地势平坦且多为泥沙土质，因此多受黄河水患袭扰。考古学家注意到土层中还有兽骨架和人头骨，猜测应该是举行某种祭祀活动时遗留下来的。人类与自然的关系维持着此消彼长的平衡，当人们不再维持这份稳定，自然灾难发生时则不会“心慈手软”。

工业文明改变了人类与自然的关系。黑格尔认为“自然对人无论施展和动用怎样的力量——寒冷、凶猛的野兽、火、水，人总是会找到对付这些力量的手段”，人类想要利用和征服自然。人类心中不再有敬畏，也就不再害怕与畏惧失去，在利益面前人类选择做自然的主宰者，主宰自然的同时，也污染了环境。

在20世纪，黄河沿岸地区流传着这样一句顺口溜："50年代淘米洗菜，60年代灌溉，70年代水质变坏，80年代鱼虾绝代，90年代人畜受害。"这句话说出了20世纪黄河水质逐渐变差的事实，也体现出沿岸居民对黄河污染的失望和无奈。黄河作为我国北方地区的重要水源，关系人民的生产和生活，黄河沿岸的矿业开采和工厂排污对黄河水质及周边环境造成了严重破坏，严重威胁了人民的生活质量和生命安全。环境保护部编制的《中国环境统计年报·2015》显示，黄河中上游流域的工业废水排放前四位是化学原料和化学制品制造业、煤炭开采和洗选业、石油加工炼焦和核燃料加工业，以及造纸、纸制品业，小皮革厂及小造纸厂不计其数，造成了"乱排污、偷排污"的不良影响。黄河总用水量的90%用于农业，但是由水污染直接造成的农业经济损失高达33亿元，还有使用污水灌溉，导致大量耕地被污染。根据表1-2中统计的1989—2018年黄河流域的主要污染问题和水质状况就能理解，黄河饱受工业废水、生活污水、过度养殖、水土流失、植被退化、土地荒漠化等多重问题的困扰。

表1-2 黄河流域环境问题的时间演替

年份	主要问题及主要污染指标	环境质量状况
1989	氨氮、耗氧有机物污染加剧	干流水质轻微改善，砷污染减轻
1992	大部分支流污染严重；耗氧有机物、氨氮、挥发酚	干流水质较好
1998	生态破坏及水体污染严重；悬浮物及挥发酚	断流天数减少
2002	总体水质较差；石油类、高锰酸盐指数、BOD_5	支流污染普遍严重
2008	支流水质为重度污染；氨氮、石油类、BOD_5	干流水质总体为优
2012	轻度污染；BOD_5、COD、氨氮	支流水质为中度污染
	渔业水域污染严重；TN、TP、非离子氨、高锰酸盐指数、铜	
	黄河口大型底栖生物密度、生物量偏低，浮游植物丰度偏高	
	上中游发生1989年以来最大洪水	
2018	轻度污染；氨氮、COD、BOD_5	主要支流轻度污染

黄河之水翻涌奔流，是我国生态安全战略格局"两屏三带"的重要组成部分，是支撑和维系生态系统平衡和生态功能保护的基础，是关系沿岸50多个城市居民饮水、温饱的重要保障，是保护生物多样性和水生动植物的重要港湾。

保护和修复黄河的工作陆续展开，从制度建设到法律监管、从生态监测到整体防控，国家和人民正在进行一场保卫黄河的无声战斗。围绕有针对性和问题导向的目标制订出合理的治理方案，相关政府及部门从2005年开始加强对黄河水质、水量的监测评估，增设20多个地下水自动监测系统；从环境、生物、地下水和土壤等多个方面加强对黄河整体水生态的监测和评估；运用现有科研成果对污染流域进行修复，充分发挥科技力量和科研经验对黄河流域进行生态修复；建立完整的监测评估体系，建立生态修复示范区和试点，加大对黄河流域水资源及生物资源的保护。国家方面也出台了相关的办法和条例以敦促各地方政府抓紧落实工作。1998 年国家发展计划委员会和水利部联合颁布《黄河水量调度管理办法》，明确规定黄河水资源统一配置、统一调度，配套编制出台《黄河水量调度突发事件应急处置规定》，确保了黄河干流 19 年不断流、13 年未预警的良好效果，针对维护黄河生物繁衍和植被绿化，还编制《黄河下游生态流量试点工作实施方案》。2002 年政府出台第一部关于治理黄河的规划——《黄河近期重点治理开发规划》，一方面便于规范黄河整体流域治理工作，另一方面为地方政府因地制宜加快推进地方治理法规政策出台提供示范和标准。黄河沿岸的地方政府部门陆续制定了一系列地方条例以方便具体地区具体落实，如《东营市湿地保护条例》《山东黄河三角洲国家级自然保护条例》等。不断探索和完善黄河流域的生态文明建设道路。2021 年《中国生态环境状况公报》的数据显示，黄河生态状况正在逐年好转，监测的 265 个国考断面中，Ⅰ～Ⅲ类水质断面占 81.8%，较 2020 年上升 2.0 个百分点；劣Ⅴ类占 3.8%，较 2020 年下降 1.1 个百分点（图 1-2）。黄河干流水质为优。这条承载着华夏文明发展的大河依旧奔腾不息、生命不止。

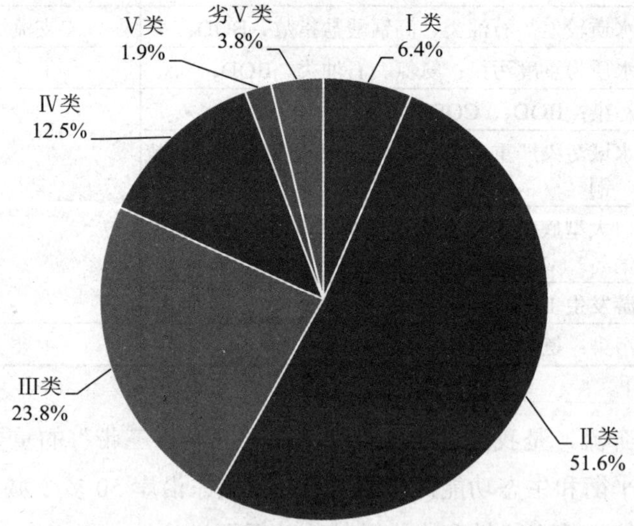

图 1-2　2021 年黄河流域水质特征

1.2.2 环境观的转变

人类历史进程表明，一种文明发展积累的基本矛盾不能在同一文明模式内解决，而必须超越旧的文明模式。建设生态文明，萌生于工业文明的母体，又不同于传统意义上的污染控制和生态恢复，是对工业文明弊端的扬弃和超越。从古代社会屈从崇拜和顺从自然，到近代工业文明以来大规模地征服自然以致破坏自然，发展到建设生态文明强调人与自然和谐相处，这是人类生存的大智慧，是人类文明进步的新标志。环境观可追根溯源为人与自然关系的深入研究，是对生态观念的转换。从以往的先发展后治理到如今的发展与环境保护并重。

由于社会的不断进步，人类进入工业化阶段，在这个阶段为了大力发展经济产生了许多资源问题与危机。由于盲目围垦、乱砍滥伐导致水土流失、洪涝、旱灾频繁；由于工业发展在生产过程中会排放大量污染物，污染物进入水体后不但会使水质变差，而且会发生水污染事故。在工业较集中的城镇附近的大片土地遭到固体废物和污水的污染，导致大面积的土壤侵蚀、土地沙化和盐碱化，致使耕地严重流失，还存在粮食安全隐患。工业生产消耗了大量的能源，并且造成化石能源等不可再生能源的短缺，生产过程还伴随污染物的排放，特别是温室气体的大量排放，目前全球每年二氧化碳排放高达 250 亿 t。矿产资源形势也日趋严峻，关乎国计民生的大宗矿产资源（如铁、锰、铬、铝和砷盐等）短缺，供需缺口持续扩大，矿产勘查工作长期萎缩，矿产资源利用粗放、效率低下、浪费严重，以及我国国内生产总值（GDP）产出消耗过多资源，这些过程都会伴随污染的产生。这些污染将会通过呼吸道、食物链以及表面接触进入人体，从而对人体健康产生危害。

由于全球气候的变化对经济社会的可持续发展带来了严峻的挑战，深度触及了农业和粮食安全、水资源安全、能源安全、生态安全和公共卫生安全，其影响超过地区冲突、局地战争等，成为全球性的首要问题；另外，人类现代工业文明赖以支撑的化石能源正在日益减少，也要求人类必须提高现有能源利用率，开发更清洁的新能源，在此背景下全球逐步进入到发展低碳经济建设阶段。

诺贝尔奖获得者、化学家斯凡特·阿累尼乌斯认为，化石能源的燃烧使用将不可避免地增加大气中二氧化碳的浓度，预计到 2050 年，温室气体（CO_2）浓度将达到 550×10^{-6}，它将扰乱自然生态系统的各种因素（如海水温度、洋流以及太阳辐射等）间的微妙平衡。世界能源结构中对化石能源的过度依赖是使温室气体（CO_2）浓度快速上升的根源。长期以来，以化石能源为基础的工业社会已悄然地把人类带入“高碳经济”体系，但是这种能源正在日益减少。现在地球上已查明的化石能源储藏量按现在的能源消耗方式计算，只够人类开采百年。据联合国政府间气候变化专门委员会（IPCC）测算，若要实现《巴黎协定》2℃的控温目标，全球必须在2050年前达到碳中和。1992年6月联合国环境与发展大会上，150多个国家共同签署了《联合国气候变化框架公约》，形成世界上第一个全面控制二氧化碳等温室气体排放、应对全球气候变暖的国际公约，随后在1997年、2009年、2015年分别通过了《京都议定书》《哥本哈根协议》以及《巴黎协定》，目前已有130多个国家和地区提出了碳中和目标，全球正在掀起一场碳中和革命。2020年9月22日，我国在第75届联合国大会一般性辩论会议上，明确提出“要提高国家自主贡献力度，采取更加有力的政策和措施，二氧化碳排放力争于2030年前达到峰值，努力争取2060年前实现碳中和”。2019年我国碳排放量达到140.93亿t二氧化碳当量，居全球第一。我国约70%的碳排放来源于工业，尤其是制造业碳排放管理粗放，能源、资源浪费严重，碳排放的数字化、智能化、精益化管控技术创新严重不足，单位能源利用效率仅相当于美国的68%、日本的50%和德国的48%，资源综合利用率比发达国家低10%以上。2021年国务院印发的《2030年前碳达峰行动方案》指出“工业是产生碳排放的主要领域之一，对全国整体实现碳达峰具有重要影响”。工业和信息化部发布的《“十四五”工业绿色发展规划》把降碳作为“十四五”时期工业绿色发展核心任务之一，是促进产业技术创新与绿色转型的重点战略方向。

“绿水青山就是金山银山”的提出进一步说明了新的环境理念。“绿水青山就是金山银山”理念表明，人要与自然进行物质交换。保护环境和发展经济之间的基本关系是通过劳动而实现的物质变换关系。一方面，自然作为人的“无机的身体”，人为了生存和发展，能够并且必须依靠自然界。通过劳动，人可以把绿水青山转化为金山银山，这是人类从自然界获取生存资料的合理方式。另一方面，人在满足自身需求的同时，也要回馈自然，与自然进行等价交换，而不是单方面索取。

保护环境和发展经济之间的物质变换是“为了人类的需要而对自然物的占有”过程，也是将生态环境转换成人类生活所需要的经济价值的生产过程。人类为了满足经济发展需要，将自身本质力量发挥于外在的生态环境，不仅使生态环境发生形式上的变化，同时还在生态环境当中实现自己发展经济的目的。在生态环境和经济发展之间的物质变换过程中，生产劳动，既是生态环境和经济发展之间的关系得以实现的桥梁，又受到生态环境和经济发展之间的物质变换规律即自然规律的制约。人在发展经济时必须像生态环境给人提供天然的生产资料一样自然。不仅如此，人类在发展经济改变物质形态的劳动中必须依靠生态环境的帮助。表1-3是人类社会发展与自然环境的关系。

表 1-3　人类社会发展与自然环境的关系

社会类型	狩猎时期	农业社会	工业社会	后工业社会
对自然的态度	依赖自然	改造自然	征服自然	与自然友好相处
环境问题	几乎不存在	由于森林砍伐导致水土流失，过度耕作导致地力下降等局部污染	从地区性污染到全球污染和生态破坏	将进行全球性合作，对生态和环境进行修复
人类对策	听天由命	意识朦胧	逐步注意和保护环境	全人类合作走可持续发展道路

1.3　生态文明与可持续发展观

文明包含的内容和表现形式多种多样，一般从物质、制度和心理三方面体现和分类，对于生态文明可以理解为物质文明、精神文明和政治文明的生态化。在如今生态环境破坏严重、生态环境保护工作迫在眉睫的国际形势下，我国秉承既要发展经济，也要保护环境的发展宗旨，提出生态文明建设和人类命运共同体理念。全世界意识到在经济高速发展的背景下，生态环境问题日益严重和突出，环境问题治理和修复刻不容缓。

全社会确立起追求人与自然和谐相处的生态价值观，建设生态文明不仅要依靠国家重视和政府提倡，更需要在社会中转变公民的思想观念，弘扬生态文明。要加快构建生态文明体系，加快建立健全以生态价值观念为准则的生态文化体系，以产业生态化和生态产业化为主体的生态经济体系，以改善生态环境质量为核心的目标责任体系，以治理体系和治理能力现代化为保障的生态文明制度体系，以生态系统良性循环和环境风险有效防控为重点的生态安全体系。生态文明建设的落实和提倡是发展建设的必然要求，可造福子孙后代。表 1-4 为过去和现代文明理念的对比。

表 1-4　过去和现代文明理念的对比

时期	物质文明	精神文明	政治文明
过去	物质主义，过度开采能源，奢侈浪费的消费	征服、利用自然	生态环境保护法律不完善
现代	适度开发、合理利用资源，绿色消费	与自然和谐相处	生态环境保护法律及各项规定逐渐健全，禁止生态破坏行为

生态文明是继原始文明、农业文明、工业文明之后一种崭新的社会文明形态，其在理论上有严密的系统性，构成生态意识、生态行为、生态政治和生态产业这四个有着紧密联系的结构层次。

1.3.1 生态文明

生态意识构成，在思想观念层面上要求人们价值观和思维方式的生态转向。人类的社会发展将资源消耗与环境污染纳入衡量社会进步与否的指标，进而实现社会、经济与环境的可持续发展，这就要求我们必须树立人与自然和谐共生的自然观和绿色消费的生活观来指导社会活动的生态转向，从“经济主义”指导下的片面追求经济的快速增长转换到以经济又好又快地发展为目标。

生态行为构成，在行为方式层面上要求全社会的行为，包括政府的生态政策导向、生态立法、生态教育等行为，企业的绿色生产与营销以及公众的绿色消费行为等，以保证资源的永续使用和循环利用。

生态政治构成，在社会制度层面上要求政府执政职能的生态转变，着眼于维护生态环境的制度改革，加强生态立法与执法，并进一步强化生态意识教育。

物质资料的生产方式是社会生活的基础，物质生产层面上的生态产业的构成要求建立以生物间动态平衡为特色的生态农业，建立信息技术、生物科技为手段的无污染生态工业，建立促使人们更加贴近自然的生态旅游业和建立以实现环境保护为特定目标和任务从而保证环境可持续发展的环保产业。

20 世纪 60 年代末到 70 年代初，随着生态环境的日益恶化，人们对生态环境的保护意识逐渐加强，生态环境问题被提上议程。1983 年 11 月，联合国成立了世界环境与发展委员会，委员会在 1987 年提交的报告——《我们共同的未来》中系统地提出了可持续发展战略。1992 年 6 月，联合国环境与发展大会在巴西里约热内卢召开，会议通过和签署了《里约热内卢环境与发展宣言》《21 世纪议程》等重要文件，对工业革命以来形成的“高生产、高消费、高污染”的传统发展模式及“先污染、后治理”的发展方略进行了评判，给予可持续发展观念更加深入、更加广泛的传播。

生态危机的全球征候引起人类对自身生存发展危机的严肃思考，于是，人们反思工业文明的发展道路，深刻地认识到，这是一条不可持续发展的道路。这条道路最突出的问题是工业文明发展带来了严重的不可持续发展的经济问题，从而造成了不可持续经济发展危机。因此，产生了可持续发展这个当今世界各国面临的共同课题。当今中国和世界各国探索可持续发展之路的根本点，就是要首先解决当代经济发展中普遍存在的非持续发展经济问题，使之转移到可持续发展经济的健康运行轨道上来，建立起一个真正的可持续发展的经济。所以，当代中国现代市场经济可持续发展道路，不仅要具有高度的物质文明，而且要具有高度的精神文明，更要具有高度的生态文明。21 世纪中国现代市场经济就是在这三大文明建设的相互适应和协调推进中不断向前发展，这是具有中国特色的可持续经济发展的最重要的、最鲜明的特征。

1.3.2 可持续发展观

生态文明是21世纪可持续发展的鲜明特色，农业革命创造了灿烂的农业文明，工业革命创造了辉煌的工业文明，生态革命将创造以生态文明为基础的现代新文明。21世纪是生态文明建设的世纪，将是重建人与自然和谐统一，成为生态与经济协调可持续发展的生态文明时代。这是21世纪可持续经济发展的一个鲜明特征。

历史事实已经充分证明，工业文明的人类经济活动与发展行为，使工业社会的发展尤其是经济发展的生态代价和社会成本远远超过人们从中得到的正效益，并为此付出极高的代价。其核心问题是工业文明对现代经济社会发展的生态基础带来了严重的破坏，导致工业文明发展过程中出现了种种危机且日益加深，使当代人类面临人口、粮食、能源、资源、环境五大危机，归根到底是生态危机的表现形式。全球生态危机，把人类推到与自然界对抗和尖锐对立的程度，引发人类自掘坟墓的悲剧，显现出工业文明已陷入困境。毋庸置疑，工业文明引起的负效应普遍存在且呈现全局性和尖锐性，为使人类文明得以持续，人类就必须走出工业文明的困境，创建一种新的现代文明。这种文明就是人与自然和谐相处与共同进化、生态与经济协调发展与共同繁荣的生态文明。世纪之交的人类文明发展开始由工业文明向生态文明转变，21世纪的生态文明建设将会克服工业文明的种种危机，把现代经济社会推向一个可持续发展的新文明高度。

工业文明的道路之所以是一条不可持续发展的道路，其深刻根源就在于它是以依靠消耗资源和牺牲生态环境为代价的发展模式。这是一种非持续经济发展模式。历史事实告诉我们，工业革命以来，人类在创造工业文明的进程中，基本是把经济增长建立在贪婪地索取自然资源、大量地消耗化石能源的基础上，使工业文明建立在对不可再生资源的大规模开发和对自然环境容量的毫无顾忌地利用的基础上。这就使工业文明的人类经济活动和发展行为脱离了人、社会与自然的协调发展和全面进步的良性循环轨道。这种人口、资源、环境与经济发展关系的严重失衡，正是工业文明危机的症结所在。因此，要彻底改变工业文明的发展模式，创建生态集约型和知识密集型一体化的可持续经济发展模式。这是现代经济发展模式的伟大革命，是人类可持续发展道路的战略重点和发展思路，是21世纪加强生态经济建设和发展知识经济的基本方向。

在工业文明时代，几乎人类的一切活动和发展行为都以追求物质财富的无限增长为目标。这样，工业社会的生产和再生产全过程，始终是大量地消耗自然资源和经济资源，以达到尽可能把更多的自然资源转化为物质产品的目的。可见，工业文明时代的经济基本上是建立在物质财富的生产、分配及使用的基础上的经济。我们可以把它称为物质经济。这种物质经济的发展，主要依靠土地种植和深挖地球资源，甚至任意掠夺自然生态环境，这必然使现代经济演化为不可持续发展的经济。此后，人类文明发展主要依靠挖掘人类自己的智力资源以及由此延伸的信息资源，使人类文明迈进一个以智力资源和信息资源为主的生态文明时代，这是历史的必然。只有顺应这种客观必然，才能真正理顺人与自然的发展关系，才能正确协调生态与经济的发展关系。与工业文明的物质经济相对应而言，我们把生态文明时代以智力资源和信息资源为主的现代经济发展称为知识经济时代。20 世纪末期到 21 世纪中期，是我国建立和完善社会主义市场经济体制的历史时期，这正处于人类发展从工业文明时代向生态文明时代转变的关键时期。因此，我们把可持续发展理论同包括社会主义现代文明在内的现代人类文明建设实践结合起来，必然得出一个合乎逻辑的结论，21 世纪应该是可持续经济发展的世纪，它既是生态文明建设的世纪，又是知识经济发展的世纪。所以，加强生态文明建设和发展知识经济是推动 21 世纪中国现代市场经济发展的“两个轮子”，是 21 世纪中国可持续经济发展的必然进程。

我国争取 2060 年前实现“碳中和”目标的承诺为制造业可持续发展指明了方向。可持续发展，即在满足当代人需要的同时，不对后代人满足其需要的能力构成危害的发展，以公平性、持续性、共同性为原则，力求达到共同、协调、公平、高效、多维发展。可持续发展的目标是推动达成经济、社会、资源和环境保护协调发展。当今，可持续发展成为热门话题，很多学者将经济增长的主动性加入考虑范畴，应用了环境库兹涅茨曲线等模型，提出经济增长与环境质量可能实现“双赢”的观点。制造业实现可持续发展不仅提高了其自身绿色竞争力，是其保持核心经济竞争力的关键，也是 2060 年前实现“碳中和”目标的重要一环。

近 300 年的工业文明时期，人类社会创造了极度丰富的物质文明、亘古未有的科技成果、传世不朽的艺术成就。然而，人类社会也为之付出了沉重的代价，从全球气候变暖到生态环境遭到系统性破坏，从贫富分化、教育差距到地缘政治摩擦等社会危机频繁涌现，站在人类文明发展史的十字路口回望，不难洞悉，这些危机的深层次根源是人类社会发展模式不具备可持续性。所幸的是，推进西方工业社会价值观主导的发展模式转型越来越成为全人类的共识。那么，更为先进、更可持续、更具推广价值的发展模式是什么？中国在长期社会主义建设实践中探索出一条独具特色的发展道路，不仅植根于中国基本国情，而且吸收了西方的有益经验，形成以人民为中心、新发展理念的可持续发展观，为世界提供了未来发展转型的中国发展经验。

以人民为中心、新发展理念的可持续发展观具有严密的逻辑结构和务实的可操作性。“以人民为中心”是中国发展观的核心要义。只有坚持以人民为中心，才能充分调动人民的积极性与创造性，才能促进人的全面发展和推动社会的全面进步。只有始终将人民需要置于发展的首位，才不会偏离发展的出发点和落脚点。新发展理念是中国长期发展遵循的原则。只有坚持创新发展，才能解决发展动力问题；只有坚持协调发展，才能解决发展失衡问题；只有坚持绿色发展，才能实现和谐共生；只有坚持开放发展，才能弥补发展短板；只有坚持共享发展，才能回归发展源头。

1.4　生态文明建设目标与内容

1.4.1　生态文明建设的目标

党的十八大报告中对生态文明建设提出的目标是“必须树立尊重自然、顺应自然、保护自然的生态文明理念，把生态文明建设放在突出地位，融入经济建设、政治建设、文化建设、社会建设各方面和全过程，努力建设美丽中国，实现中华民族永续发展”。有学者分析指出，生态文明建设的直接目标是和谐共生、良性循环和全面发展；生态文明建设的重要目标是单位国内生产总值能源消耗量和二氧化碳排放量大幅减少，主要污染物排放总量显著减少，森林覆盖率提高，生态系统稳定性增强，人居环境明显改善，最终形成节约资源和保护环境的空间格局、产业结构、生产及生活方式。

党的十九大报告中指出，“建设生态文明是中华民族永续发展的千年大计。必须树立和践行绿水青山就是金山银山的理念，坚持节约资源和保护环境的基本国策，像对待生命一样对待生态环境”，报告中还指出，“坚定走生产发展、生活富裕、生态良好的文明发展道路，建设美丽中国，为人民创造良好生产生活环境，为全球生态安全作出贡献”。党的十九大报告在总结党的十八大以来一系列生态文明建设理论和实践基础上，对生态文明建设和生态环境保护，又提出了一系列新思想、新要求、新目标和新部署。在新思想方面，提出生态文明建设是中华民族永续发展的千年大计、人与自然是生命共同体等重要论断；在新要求方面，明确了在“新社会矛盾”下提供更多优质生态产品以满足人民日益增长的优美生态环境需要；在新目标方面，提出到2035年建成美丽中国的目标；在新部署方面，提出要推进绿色发展、着力解决突出环境问题、加大生态系统保护力度、改革生态环境监管体制。

党的二十大报告中指出，“尊重自然、顺应自然、保护自然，是全面建设社会主义现代化国家的内在要求。必须牢固树立和践行绿水青山就是金山银山的理念，站在人与自然和谐共生的高度谋划发展”。党的十八大报告指出，“面对资源约束趋紧、环境污染严重、生态系统退化的严峻形势，必须树立尊重自然、顺应自然、保护自然的生态文明理念，把生态文明建设放在突出地位”。统筹把握、辩证阐释党的十八大和党的二十大关于“尊重自然、顺应自然、保护自然”理念和主张所蕴含的时代背景、历史使命，可以说，党的十八大所要求的“尊重自然、顺应自然、保护自然”，问题之源在于当时我国资源、环境和生态环境的严峻形势。也正是在这个意义上，我们才能够深切体会以习近平同志为核心的党中央在党的十八大以来如何坚决打好污染防治攻坚战，又如何实现了“使祖国天更蓝、山更绿、水更清”。

现在，站在新的历史征程中，“尊重自然、顺应自然、保护自然”的生态文明理念发生了巨大的时代性变化，要求必须着眼社会主义现代化强国建设、着眼实现中华民族伟大复兴的使命，持续推动生态文明建设迈上历史新台阶。党的十八大到党的二十大生态文明建设理念目标越发清晰（表 1-5）。

表 1-5 党的十八大到党的二十大生态文明建设理念目标的变化

会议名称	理念目标
党的十八大	必须树立尊重自然、顺应自然、保护自然的生态文明理念，把生态文明建设放在突出地位，融入经济建设、政治建设、文化建设、社会建设各方面和全过程，努力建设美丽中国，实现中华民族永续发展
党的十九大	要建设的现代化是人与自然和谐共生的现代化，既要创造更多物质财富和精神财富以满足人民日益增长的美好生活需要，也要提供更多优质生态产品以满足人民日益增长的优美生态环境需要。 一是推进绿色发展；二是着力解决突出环境问题；三是加大生态系统保护力度；四是改革生态环境监管体制
党的二十大	推进美丽中国建设，坚持山水林田湖草沙一体化保护和系统治理，统筹产业结构调整、污染治理、生态保护、应对气候变化，协同推进降碳、减污、扩绿、增长，推进生态优先、节约集约、绿色低碳发展。 一是加快发展方式绿色转型；二是深入推进环境污染防治；三是提升生态系统多样性、稳定性、持续性；四是积极稳妥推进碳达峰碳中和

2018 年是中国生态环境保护事业发展史上具有重要里程碑意义的一年。全国生态环境保护大会在北京召开，习近平总书记出席会议并发表重要讲话，正式确立习近平生态文明思想。根据 2018 年《中国生态环境状况公报》的统计，我国的主要生态环境保护工作重点在蓝天、碧水、净土、生态保护和修复、生态环境保护督察执法及防范化解环境风险等多个方面，目的在于改善人民生活环境质量，满足人民对美丽中国的期望。在生态文明建设的倡导下，我国的城市空气质量有了很大的改善和根本的提升（图 1-3）。遥感观测分析显示，2010—2017 年全球大气二氧化碳浓度呈快速上升趋势，值得一提的是，中国的碳排放虽然总体呈现增长趋势，但是在国家提倡清洁能源等举措之后，增长趋势得到有效控制，自 2013 年以来增速基本为零。2017 年我国的单位 GDP 碳排放强度相较于 2005 年下降了 46%。我国的森林公园建设和植被保护修复工作都在有条不紊地展开，生态环境得到了改善和稳定。

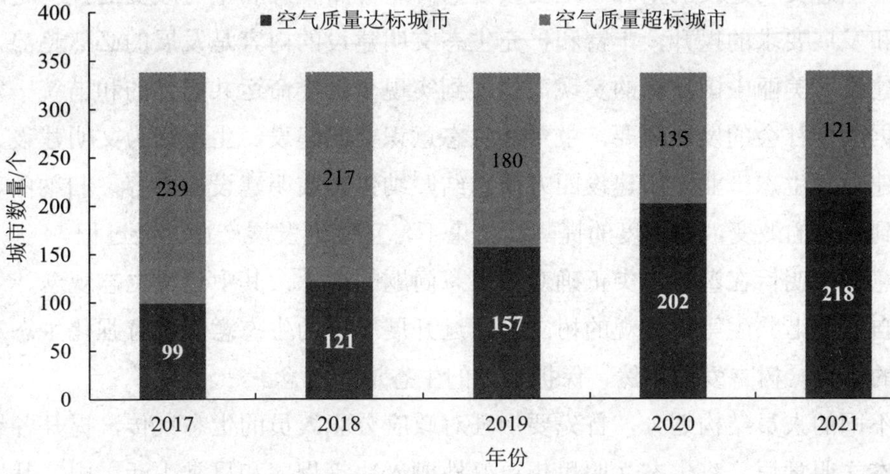

图 1-3　2017—2021 年中国城市空气质量变化

资料来源：《中国生态环境状况公报》。

我国生态文明建设战略任务的制定，一方面是为了实现美丽中国的奋斗目标，另一方面是为了人类命运共同体精神的贯彻。党的十八大报告中提及生态文明建设的战略内容主要包含四方面内容。第一，优化国土空间开发格局，遵循人口、资源、环境均衡发展，经济、社会、生态三者共赢的发展原则，合理控制能源资源开发，优化能源资源效益，提升利用效率。合理布局人类活动空间，为自然生态留出发展空间，为子孙后代保留优美宜居的生存环境。合理规划城市、农村和自然的功能格局，构建良好人居环境、绿色农业环境和可持续生态环境。第二，全面促进资源节约，重点加强对人类赖以生存的水资源、土地及大气环境的保护。优先发展节能低碳产业和开发新能源、可再生能源的技术和产业，建设节约型城市、海绵城市和无废城市。重点发展循环经济和绿色农业，注重生产、流通和消费过程中的节能减排行为。第三，加大自然生态系统和环境保护力度，落实生态修复和生态保护工程，积极促进土地荒漠化、水土流失等问题的综合治理工作。协助全世界共同应对和解决气候变暖、海平面上升等危害全人类的危机。第四，加强生态文明制度建设，把资源能耗、环境损害和生态效益纳入经济发展评价体系，依据生态文明建设要求完善目标考核、评价标准和奖惩机制。

1.4.2　生态文明建设的内容

我国的生态文明建设仍处于压力叠加，负重前行的关键期。生态文明建设的内容已经从单一方面发展向整体全面发展扩展。生态文明建设的内容充分考虑到经济发展、产业结构调整、人民日常生活、教育等多个方面，生态文明建设事关中国乃至全球人类的发展未来。生态文明建设的基础和主要核心内容是毋庸置疑和不可改变的，但是随着发展的深入和发展要求的提升，丰富和扩充生态文明建设的内容是发展的必然趋势，即从生态文明建设、美丽中国目标的实现，拓展到实现全人类命运共同体的和谐统一发展。目前，根据当今社会的发展需要，主要从生态意识文明建设、生态行为文明建设、生态制度文明建设和生态产业文明建设四方面总结归纳生态文明建设的内容，归纳由理念观念的转变到行为的改变，在制度的提醒和约束下，正确地发展产业的全过程。

生态意识文明旨在塑造人类正确对待生态问题的观念，其中包含生态观念、生态道德和人与自然和谐共生等价值观的树立。通过开展广泛的生态意识教育强化生态观念和道德观念的培养，树立爱护自然、保护自然的生态道德观念。

按照不同的人员结构划分，首先要加强对政府公职人员的生态宣传，提升各级工作人员的生态文明觉悟，将生态文明思想更好地融入决策程序和日常生活之中。其次要加强对企业的生态观念宣传，鼓励企业构建新型的生态管理模式和公司文化，提高管理者的生态自觉性并形成良好的生态工作氛围。再次要加大对普通群众的生态宣传，让生态理念内化于心，成为全社会的自觉行为，形成生态文明伦理道德观。大力弘扬生态环保意识，加强公众环保理念，培育公众参与意识，构筑生态消费观，将个人发展融入培育公众生态环保意识的整体之中，激发人民群众内心的参与愿望，树立良好的环保意识。最后要通过生态教育的途径加强对学生生态观念和价值观的树立。学生是国家的未来和希望，下一代的生态教育关系生态文明建设的发展进度和落实效率。

生态行为文明是在生态意识观念引导下，在生产、消费和日常生活等方面的实践，包含清洁生产、循环经济、绿色消费、生态旅游等一系列生产生活方式的养成。清洁生产是在生产到产品的过程中，通过环境保护策略的应用，减少对人类和自然的双重伤害，清洁生产强调“效率最大化、污染最小化”的生产理念，并将该理念用于产业发展和升级。循环经济是追求一种“减量化、再利用、再循环”的经济发展模式，通过提升资源能源的利用效率和减少废弃物排放，实现再生资源的再次利用。绿色消费提倡人们的消费应以不破坏自然生态系统正常物质循环为前提，在全社会积极倡导节约自然资源、敬畏一切生命、爱护地球家园等生态行为观念以及可持续的绿色低碳生活方式。科学低碳绿色的消费观体现了人们的一种行为观念、一种价值取向，代表经济社会与生态环境、人类社会与自然环境的一种和谐共生。生态旅游是一种创新性的旅游体验和旅游观念，在原有旅游模式的基础上，提倡“人景合一”的和谐相处模式，突出旅游景点的生态性、旅游行程的生态性和游客体验后所形成的生态认识，生态旅游在经济、政治、文化和社会的建设中都有所体现。

生态制度文明包括法律、规范和乡规民约等方面制度的建立，生态制度体系包含生态服务、公众参与和监督、生态法规、生态评价等。由此，生态制度建设是从实际应用出发，引导民众落实和遵循生态制度的要求，制约社会整体及民众对待自然的错误行为和错误态度，满足生态文明建设的发展要求和规范。生态制度文明主要强调：建立健全生态文明法律法规和管理体系，生态知识和生态常识的普及，生态教育的施行，树立以生态观念为指导的生产生活方式等方面。生态制度建设从生态行为的层次性、整体性和多样性角度考虑。

生态制度的层次性体现在以“绿色”“可持续”和“循环”思想为主导的生产生活方式及产品的物质层面，以生态文化传播活动为代表的形式层面，以法律法规、社会制度建设体现的体制层面和培养生态价值观的观念层面。生态制度的整体性是从生态服务到生态落实再到生态监督等一系列关于生态文明建设的体制机制的系统性落实。关于健全生态信息披露制度，要明确划定环境信息的公开范围，即除涉及国家安全、国家机密、商业秘密和个人隐私之外的关于生态环境质量、生态环境管理等的信息应当公开发布。生态制度的多样性体现在建立生态文明决策制度、生态文明评价制度、生态文明管理制度以及生态文明考核制度等多方面完整制度体系，实现从制度确立、制度管理、制度评价优化和制度监督考核等全方面有效推进生态文明建设的制度体系建设。生态制度多样性建设为生态文明建设保驾护航，有效防止和杜绝发展过程中的漏洞。

生态产业文明从工业、农业等多个领域提倡产业内部的良性有序循环和绿色健康可持续的发展理念，从生产流程、制作工艺、种植技术到产品的加工、出厂和销售等多个角度充分发挥生态生产的优势。生态产业发展提高了对生态、产业和科技等各方面的要求。任何新的产业发展都需要科学技术的推动和支持，生态产业的创新性一方面体现在其对生态和文化两方面的高标准，另一方面体现在由大量的科学技术支撑该产业的发展。

科学技术在生态产业中应用于节能减排，受低碳环保的发展要求和人民群众生态意识的影响。科技是生态产业创新的保障，在“大数据”和“互联网”的时代，科技把网络技术运用到产业的生产、沟通和监督等多个环节，产业也通过网络连接世界市场，推广生态产品和服务，实现采购和销售环节的生态化。在清洁能源的开发以及可再生能源的生产和运用过程中，科技不断地把这两项技术融合到生态产业中，完善产业能源结构重组和优化，从而促进生态产业更快、更好地发展，在科学技术的辅助下提升产业文化含量和生态化水平，充分发挥传统的基础优势，完善产业在生态保护和绿色生产方面的发展优势。

如何提高和谐度，建设生态文明，进而较早地真正进入生态文明时代，是各国政府着力解决的问题。我国也陆续倡导许多这方面的理念。但理念不是措施，还要将其转化为方针、政策直至行动。一些学者已提出了建设生态文明的众多举措，具体包括以下途径。

（1）政府的倡导和力行。生态文明作为一种新的文明形态，需要个体、组织，特别是政府境界的提升。只有具备较高境界，才能紧跟时代步伐，站在时代前沿，不断倡导

“以人为本”“建设和谐社会”“生态文明”等新的理念，并能站在全球角度思考，并通过各方面的合作践行这些理念，进而影响个体、组织，从而影响全社会。中国在学习西方科技和市场经济的同时，要深入挖掘传统文化精髓，使中国发展理念处于时代前沿。

（2）平衡发展是前提和关键。生态文明建设需要以发达的物质文明为基础，仍离不开经济发展。生态文明的实现不是一个国家或地区的事情，需要较大规模的集体行动。如果国家之间、地区之间经济发展差距较大，各方之间就会针对是否重视生态环境展开博弈，有可能导致长久的集体非理性，虽经过多次博弈最终选择合作，但也许这时人类已面临致命危机。2004 年印度洋海啸的灾难显示了各国之间的合作困境。因此，要注重平衡发展，既要通过必要的协调机制、补偿机制等逐步缩小国家之间、地区之间的差距，更需大国再多一些魄力，再多一些努力，真心帮助落后国家和地区，共同踏进生态文明的河流。

（3）继续推进科技创新。科技发展在带给人类极其丰富的物质财富的同时，也造成对自然界的破坏。但“解铃还须系铃人”，建设生态文明仍需继续推进科技创新，特别是发展在“以人为尺度”和“以生态为尺度”“双重”标准下的新型技术。例如，通过运用现代节水技术，可节省大量淡水资源；通过运用生物降解技术，减少“白色污染物”等。但在技术创新中需注意各种技术可能带来的负面影响。

（4）继续推进各项制度创新。解决人与自然的关系在很大程度上依靠科技进步，但解决人与人之间的关系就要靠制度。制度创新是指一种新的、更优的制度对原有制度的替代过程，制度创新通过改变激励结构，进而影响行为主体的经济行为，并产生新的经济绩效。要构建和谐社会，建设生态文明，制度显得尤为重要，需要推进各种制度创新。一是要重视宪法、法律、产权等层面的改革，推进民主政治和政治文明的实现，尽量明晰和保护各类产权，引起民众对生态文明理念的理解和响应。二是重视吸取各民族优秀的风俗、习惯、伦理、道德、宗教等传统秩序文化或非正式制度，促进包括血缘、地缘、业缘在内的各类关系共同体，进而形成人类命运共同体，建构起人类社会生活新秩序。三是继续探讨构建国家之间、地区之间及各阶层之间的有效合作机制，将个体行动转化为较大范围的集体行动，促进人类生态文明的实现。

1.5 发展与保护的辩证关系

随着社会的不断进步，人类生存环境与经济发展的矛盾越来越突出，环境问题逐渐成为人们关注的焦点。既要发展经济，更要注重保护环境，这已经是全人类的共识。归根到底经济发展与环境保护的关系就是人与自然的关系。

人们普遍认为经济发展就会导致环境污染，要保护好环境，就无法发展经济，认为两者是矛盾的，也认为环境污染的主要原因是人类经济过度发展的必然结果，要发展经济就必然会对环境造成污染并承担所付出的代价，不然经济就没有发展空间。许多发展中国家的发展历程就是最好的证明，部分发达国家的发展历程也有相似之处，都是走上了先发展经济，之后治理环境的道路。要让自然环境为人类造福，就必须先保护好生态和自然环境，按照自然规律彻底根除以破坏环境资源为代价的粗放型的经济发展方式。放眼长远利益和全局利益。在发展经济的同时，也要充分考虑环境的承载能力，合理地处理好经济发展与保护环境的关系，让经济发展成为改善环境的技术先导，同时让环境发展成为经济发展的动力。

经济发展与环境保护两者之间是对立统一的关系，我们既要发展经济，但同时不能忽视对生态环境的保护。最初经济发展水平相对较低，环境污染相对有限；当经济高速发展后，制造业的迅速发展，使生态环境迅速恶化；随着经济的不断发展和经济结构的不断调整，一些高污染的行业被关闭，人们意识到改善与治理环境的重要意义。经济发展与环境保护既对立又统一，可以协调发展，经济要发展，必须先保护好环境。自然环境为经济发展提供必要的物质和能源，必须维护好自然生态的可再生能力和可持续发展能力，自然资源是提高社会劳动生产率和创造社会价值的基础。自然资源是经济可持续发展的原动力。

2005 年 8 月 15 日，时任浙江省委书记的习近平同志到安吉考察时指出："我们过去讲，既要绿水青山，又要金山银山。其实，绿水青山就是金山银山。"（图 1-4）。在《浙江日报》"之江新语"专栏发表《绿水青山也是金山银山》的评论文章，指出"如果能够把这些生态环境优势转化为生态农业、生态工业、生态旅游等生态经济的优势，那么绿水青山也就变成了金山银山"。2013 年 9 月 7 日，习近平总书记在哈萨克斯坦纳扎尔巴耶夫大学发表演讲并回答学生们提出的问题，在谈到环境保护问题时他指出："我们既要绿水青山，也要金山银山。宁要绿水青山，不要金山银山，而且绿水青山就是金山银山。"

"绿水青山就是金山银山"的理念深刻体现了辩证统一的哲学思想。从我国经济社会发展过程来看，怎样处理好经济发展与环境保护之间的关系，经历了一个曲折的过程。一些地方政府最先实行的是"先增长后治污"模式，发展高能耗、高污染行业，结果造成环境的巨大破坏，这种发展模式显然是不可持续的。后来，有的地方政府又走向另一个极端，重保护，轻发展，虽然环境好了，但经济发展水平很低，人民群众也不满意。这两种做法实际上都割裂了可持续与发展之间的关系，显然是错误的。"绿水青山就是金山银山"则是辩证地看待"绿水青山"和"金山银山"之间的关系，透彻地指出了如何妥善地处理发展中人与自然的关系，也就是只要在经济发展过程中遵循生态环境保护的基本原则，就能形成良性循环。

图 1-4 浙江省湖州市安吉县余村的“绿水青山就是金山银山”石碑

“绿水青山就是金山银山”所蕴含的绿色发展新理念，核心思想是实现经济发展与生态环境保护互动“双赢”，人类的发展不仅要发展好经济，还要保护好生态环境，要努力做到在发展经济的同时保护好生态环境，在保护生态环境的同时发展好经济。人与自然和谐共处是生态文明的核心，正确处理好经济发展和生态环境保护的关系是生态文明建设必须解决的一个根本问题。习近平总书记提出的“绿水青山就是金山银山”，以通俗易懂的语言，贴切形象的比喻，揭示了丰富深邃的思想：经济发展和生态环境保护的辩证统一关系。

关于对经济发展和生态环境保护的辩证统一关系的认识，习近平总书记早在 2006 年 3 月 23 日的《浙江日报》“之江新语”专栏发表的《从“两座山”看生态环境》一文中就说得十分清楚：“这‘两座山’之间是有矛盾的，但又可以辩证统一。可以说，在实践中对这‘两座山’之间关系的认识经过了三个阶段：第一个阶段是用绿水青山去换金山银山，不考虑或者很少考虑环境的承载能力，一味索取资源。第二个阶段是既要金山银山，但是也要保住绿水青山，这时候经济发展和资源匮乏、环境恶化之间的矛盾开始凸显出来，人们意识到环境是我们生存发展的根本，要留得青山在，才能有柴烧。第三个阶段是认识到绿水青山可以源源不断地带来金山银山，绿水青山本身就是金山银山，我们种的常青树就是摇钱树，生态优势变成经济优势，形成了一种浑然一体、和谐统一的关系。这一阶段是一种更高的境界，体现了科学发展观的要求，体现了发展循环经济、建设资源节约型和环境友好型社会的理念。以上这三个阶段，是经济增长方式转变的过程，是发展观念不断进步的过程，也是人与自然关系不断调整、趋向和谐的过程。”

“绿水青山就是金山银山”所蕴含的绿色发展理念包含了三个层次的思想内涵。

（1）绿色发展理念的基本要求是“既要绿水青山，又要金山银山”。既要保护好生态环境，又要发展好经济，二者缺一不可。这实际上是对传统发展观的一种反思，传统发展观的做法是为获得金山银山而牺牲绿水青山，也就是说人们在发展之初，主张一切为发展让路，简单地用绿水青山去换金山银山，只要金山银山，只要经济发展，为了发展经济而不要绿水青山，不去过多考虑资源环境承载能力，造成了资源约束趋紧、环境污染严重、生态系统退化等严重问题。“既要绿水青山，又要金山银山”实质上也是对只要金山银山不要绿水青山那种“先污染后治理”做法的一种生态文明教育。

（2）绿色发展理念的基本原则是“宁要绿水青山，不要金山银山”。在处理保护好生态环境和发展好经济这对矛盾的关系时，如果暂时出现不可兼得的特定条件下的困难，必须把保护好生态环境放在优先位置，决不能以牺牲生态环境去换取一时的经济发展。这实质上是对传统发展观出现的宁要金山银山不要绿水青山现象和导致的破坏生态环境的恶果的有力批判。

（3）绿色发展理念的最高境界是“绿水青山就是金山银山”。要善于把生态优势转化为经济优势，这是绿色发展理念的努力方向，这就要求各地从实际出发，因地制宜地选择好适用于当地发展的生态产业，在发展生态产业中谋求经济发展。科学发展的实践已经启示人们，破坏生态环境就是破坏生产力，保护生态环境就是保护生产力，改善生态环境就是改善生产力，人们在践行科学发展观的过程中越来越清醒地认识到“绿水青山就是金山银山”，可以源源不断地带来财富，生态优势可以变成经济优势、发展优势。

思考题

1. 为什么说随着人类的发展，文明的内涵不是一成不变的？
2. 简述生态文明与可持续发展的辩证关系。
3. 截至目前，人类文明进程大概经历了哪几个阶段？
4. 简述我国生态文明建设的主要内容。
5. 简述从党的十八大到党的二十大关于生态文明建设阐述的变化。

第 2 章　生态文明建设与产业发展

2.1　生态文明建设的基础

经过改革开放和工业化快速发展，我国经济持续健康发展，国内生产总值和城乡居民人均收入均实现快速增长，人民物质文化生活水平显著提高，成为世界第二大经济体和最具活力经济体之一。工业化基本实现，信息化水平大幅提升，城镇化的质量明显提高，农业现代化和社会主义新农村建设成效显著，区域协调发展机制基本形成。对外开放水平进一步提高，国际竞争力明显增强。社会主义核心价值体系深入人心，公共文化服务体系基本建成。同时，我国仍处于并将长期处于社会主义初级阶段。2017 年 10 月 18 日，习近平总书记在党的十九大报告中强调，“中国特色社会主义进入新时代，我国社会主要矛盾已经转化为人民日益增长的美好生活需要和不平衡不充分的发展之间的矛盾”。我国仍是世界上最大的发展中国家。我国仍然处于工业化中期阶段，工业化水平还有很大的提升空间，工业化质量、效率均有待提高，高投入、高消耗、高污染和不平衡、不协调、不可持续的问题亟待解决，资源短缺、环境污染和生态破坏问题成为可持续发展的“瓶颈”。

在这样的背景下，中国推进生态文明建设，以当代人和后代人均衡负责为宗旨，寻求传统工业化向新型工业化转变，转变生产方式、生活方式和消费模式，调整经济结构，节约利用资源，保护和改善自然环境，修复和建设生态系统，为国家和民族的永续生存与发展保留和创造坚实的自然物质基础。

2007 年，党的十七大报告首次明确提出建设生态文明，提出“建设生态文明，基本形成节约能源资源和保护生态环境的产业结构、增长方式、消费模式。循环经济形成较大规模，可再生能源比重显著上升。主要污染物排放得到有效控制，生态环境质量明显改善。生态文明观念在全社会牢固树立”。

2009 年，党的十七届四中全会提出，我国经济建设、政治建设、文化建设、社会建设以及生态文明建设全面推进，工业化、信息化、城镇化、市场化、国际化深入发展。

2010 年，党的十七届五中全会通过的《中共中央关于制定国民经济和社会发展第十二个五年规划的建议》明确提出，"加快建设资源节约型、环境友好型社会，提高生态文明水平"。

2012 年，党的十八大报告明确提出，必须更加自觉地把全面协调可持续作为深入贯彻落实科学发展观的基本要求，全面落实经济建设、政治建设、文化建设、社会建设、生态文明建设"五位一体"总体布局，要把生态文明建设放在突出地位，融入经济建设、政治建设、文化建设、社会建设各方面和全过程。

2017 年，党的十九大报告明确指出"建设生态文明是中华民族永续发展的千年大计"，要求必须树立和践行"绿水青山就是金山银山"的理念，统筹山水林田湖草系统治理。

2018 年 5 月，全国生态环境保护大会召开，习近平总书记再次强调，生态文明建设是关系中华民族永续发展的根本大计；山水林田湖草是生命共同体，要统筹兼顾、整体施策、多措并举，全方位、全地域、全过程开展生态文明建设；用最严格制度、最严密法治保护生态环境，加快制度创新，强化制度执行，让制度成为刚性的约束和不可触碰的高压线。

2020 年，党的十九届五中全会在北京举行。就生态文明建设而言，全会充分肯定了"十三五"时期我国生态环境保护取得的成就，同时指出"生态环保任重道远"。这是我们对生态环保形势十分清醒而精准的重大战略判断。

2022 年，党的二十大报告指出，"中国式现代化是人与自然和谐共生的现代化"，明确了我国新时代生态文明建设的战略任务，总基调是推动绿色发展，促进人与自然和谐共生。报告在充分肯定生态文明建设成就的基础上，从统筹产业结构调整、污染治理、生态保护、应对气候变化等多元角度，全面系统地阐述了我国持续推动生态文明建设的战略思路与方法，并对未来生态环境保护提出一系列新观点、新要求、新方向和新部署。

生态文明建设与经济建设、政治建设、文化建设和社会建设"五位一体"，相辅相成。生态文明建设须贯穿经济建设、政治建设、文化建设和社会建设的各方面和全过程。本章从生态文明建设的经济基础、社会基础、文化基础和法律基础几个方面，论述生态文明建设与其他建设之间的关系。

2.1.1　生态文明建设的经济基础

"五位一体"总体布局，要求要把生态文明建设放在突出地位，融入经济建设各方面和全过程，加快生态文明建设，构建以产业生态化和生态产业化为主体的生态经济体系。生态经济体系是基础，为生态文明社会建设提供坚实的物质基础。即始终秉持"绿水青山就是金山银山""保护生态环境就是保护生产力、改善生态环境就是发展生产力"的绿色发展观，始终坚持把生态环境作为经济社会发展的内在要素和内生动力；始终把整个生产过程的绿色化、生态化作为实现和确保生产活动结果绿色化和生态化的途径、约束和保障，坚守“产业生态化和生态产业化”与“经济生态化和生态经济化”基本路径。以供给侧结构性改革为主线，实现传统产业改造升级和发展的绿色化；以新发展理念为指引，着力发展高效生态农业，大力发展现代服务业，全面构筑绿色发展现代产业新体系。

从唯物辩证法看生态文明建设与经济建设关系，生态文明强调“绿水青山就是金山银山”的绿色发展观，保护生态环境就是保护生产力、改善生态环境就是发展生产力，深刻揭示了自然生态作为生产力内在属性的重要地位。利用资源、环境保护对发展方式转变和经济结构调整的“倒逼”机制，把调整优化结构、强化创新驱动和保护生态环境结合起来，推动绿色发展、循环发展、低碳发展，以寻求经济、社会、环境的协调发展和中国社会的可持续发展。

从经济发展方式看，我国经济已由高速增长阶段转向高质量发展阶段。高质量发展是体现新发展理念的发展，是绿色发展成为普遍形态的发展。习近平总书记明确指出，“绿色循环低碳发展，是当今时代科技革命和产业变革的方向，是最有前途的发展领域”。加强生态文明建设，坚持绿色发展，改变传统的“大量生产、大量消耗、大量排放”的生产模式和消费模式，使资源、生产、消费等要素相匹配相适应，是构建高质量现代化经济体系的必然要求，是实现经济社会发展和生态环境保护协调统一、人与自然和谐共生的根本之策。

坚持节约资源和保护环境的基本国策，坚持节约优先、保护优先、自然恢复为主的方针，立足我国社会主义初级阶段的基本国情和新的阶段性特征，以建设美丽中国为目标，以正确处理人与自然的关系为核心，以解决生态环境领域突出问题为导向，保障国家生态安全，改善环境质量，提高资源利用效率，推动形成人与自然和谐发展的现代化建设新格局。

实施创新驱动发展战略。科技创新是提高社会生产力和综合国力的战略支撑，必须摆在国家发展全局的核心位置。要坚持走中国特色自主创新道路，以全球视野谋划和推动创新，提高原始创新、集成创新和引进消化吸收再创新能力，更加注重协同创新。深化科技体制改革，推动科技和经济紧密结合，加快建设国家创新体系，着力构建以企业为主体、市场为导向、产学研相结合的技术创新体系。完善知识创新体系，强化基础研究、前沿技术研究、社会公益技术研究，提高科学研究水平和成果转化能力，抢占科技发展战略制高点。

实施国家科技重大专项，突破重大技术“瓶颈”。加快新技术、新产品、新工艺研发应用，加强技术集成和商业模式创新。完善科技创新评价标准、激励机制、转化机制。实施知识产权战略，加强知识产权保护。促进创新资源高效配置和综合集成，把全社会智慧和力量凝聚到创新发展上来。推进经济结构战略性调整。这是加快转变经济发展方式的主攻方向。必须以改善需求结构、优化产业结构、促进区域协调发展、推进城镇化为重点，着力解决制约经济持续健康发展的重大结构性问题。要牢牢把握扩大内需这一战略基点，加快建立扩大消费需求长效机制，释放居民消费潜力，保持投资合理增长，扩大国内市场规模。

推动城乡发展一体化。解决好农业农村农民问题是全党工作的重中之重，城乡发展一体化是解决“三农”问题的根本途径。要加大统筹城乡发展力度，增强农村发展活力，逐步缩小城乡差距，促进城乡共同繁荣。坚持工业反哺农业、城市支持农村和多予少取放活方针，加大强农惠农富农政策力度，让广大农民平等参与现代化进程、共同分享现代化成果。加快发展现代农业，增强农业综合生产能力，确保国家粮食安全和重要农产品有效供给。

坚持把国家基础设施建设和社会事业发展重点放在农村，深入推进新农村建设和扶贫开发，全面改善农村生产生活条件。着力促进农民增收，保持农民收入持续较快增长。坚持和完善农村基本经营制度，依法维护农民土地承包经营权、宅基地使用权、集体收益分配权，壮大集体经济实力，发展多种形式规模经营，构建集约化、专业化、组织化、社会化相结合的新型农业经营体系。改革征地制度，提高农民在土地增值收益中的分配比例。加快完善城乡发展一体化体制机制，着力在城乡规划、基础设施、公共服务等方面推进一体化，促进城乡要素平等交换和公共资源均衡配置，形成以工促农、以城带乡、工农互惠、城乡一体的新型工农、城乡关系。

2.1.2 生态文明建设的社会基础

生态文明建设需要融入社会建设的各方面和全过程。生态危机的根源实际上是社会关系的失调。在很大程度上，我国的社会变革和社会建设进程，与我国快速推进的工业化、城市化进程还很不适应。因此，在未来一段时期内，我国尤其需要快速推进建立发展成果共享制度，建立全面覆盖的社会福利制度，大力推动公众制度化的理性参与，有效地促进企业和企业家承担环境保护责任，全面正确地看待科学技术在发展中的作用，不断地完善法治建设，引导整个社会树立科学、健康的价值观念和生活方式。

从人民的美好生活需要角度，习近平总书记指出，生态文明建设关系党的使命宗旨。人民对美好生活的向往，就是我们党的奋斗目标。新时代，人民群众对干净的水、清新的空气、安全的食品、优美的生态环境等要求越来越高，只有大力推进生态文明建设，提供更多优质生态产品，才能不断满足人民日益增长的优美生态环境需要。我国经济在快速发展的同时积累了诸多环境问题，已成为“民生之患、民心之痛”。习近平总书记对此深切关注、悉心体察，指出“广大人民群众热切期盼加快提高生态环境质量”，我们在生态环境方面欠账太多，如果不从现在就把这项工作抓起来，将来会付出更大的代价。生态文明建设里面有很大的政治，既要算经济账，更要算政治账，算大账、算长远账，绝不能急功近利、因小失大。

要坚持良好生态环境是最普惠的民生福祉。良好的生态环境是最公平的公共产品，是最普惠的民生福祉。这一理念源自我们党全心全意为人民服务的根本宗旨，源自广大人民群众对改善生态环境质量的热切期盼。习近平总书记强调，环境就是民生，青山就是美丽，蓝天也是幸福，发展经济是为了民生，保护生态环境同样也是为了民生。良好的生态环境意味着清洁的空气、干净的水源、安全的食品、宜居的环境，关系着人民群众最基本的生存权和发展权，具有典型的公共产品属性。我们党代表着广大人民最根本的利益，必须以对人民群众高度负责的态度，把生态环境保护放在更加突出的位置，为人民群众提供更多优质生态产品，让良好生态环境成为人民生活的增长点，让老百姓切实感受到经济发展带来的实实在在的环境效益。

2.1.3 生态文明建设的文化基础

生态文明是人类社会进步的重大成果，是实现人与自然和谐共生的必然要求。加强生态文明建设，不仅是为了解决我国当下面临的生态环境问题，更是为了谋求中华民族的长远发展；不仅是影响发展的重大经济问题，更是事关党执政兴国的重大民生问题、社会问题和政治问题；不仅是推动我国自身发展进步的必然要求，更是推动人类社会发展进步的迫切需要。

生态文化建设是灵魂，为生态文明社会建设提供思想保证、精神动力和智力支持。习近平总书记反复强调，“中华文明传承五千多年，积淀了丰富的生态智慧”，要“像保护眼睛一样保护生态环境，像对待生命一样对待生态环境”，要“集中力量优先解决好细颗粒物（$PM_{2.5}$）、饮用水、土壤、重金属、化学品等损害群众健康的突出环境问题”。

推动生态文明建设，实现中华民族伟大复兴，必须推动社会主义文化大发展大繁荣，兴起社会主义文化建设新高潮，提高国家文化软实力，发挥文化引领风尚、教育人民、服务社会、推动发展的作用。走中国特色社会主义文化发展道路，坚持为人民服务、为社会主义服务的方向，坚持贴近实际、贴近生活、贴近群众的原则，推动社会主义精神文明和物质文明全面发展，建设面向现代化、面向世界、面向未来的，民族的科学的大众的社会主义文化。

加强社会主义核心价值体系建设。社会主义核心价值体系是兴国之魂，决定着中国特色社会主义发展方向。要深入开展社会主义核心价值体系学习教育，用社会主义核心价值体系引领社会思潮、凝聚社会共识。推进马克思主义中国化、时代化、大众化，坚持不懈地用中国特色社会主义理论体系武装全党、教育人民，深入实施马克思主义理论研究和建设工程，建设哲学社会科学创新体系，推动中国特色社会主义理论体系教材进课堂、进头脑。广泛开展理想信念教育，把广大人民团结凝聚在中国特色社会主义伟大旗帜之下。

全面提高公民道德素质。这是社会主义道德建设的基本任务。要坚持依法治国和以德治国相结合，加强社会公德、职业道德、家庭美德、个人品德教育，弘扬中华传统美德，弘扬时代新风。推进公民道德建设工程，弘扬真善美、贬斥假恶丑，引导人们自觉履行法定义务、社会责任、家庭责任，营造劳动光荣、创造伟大的社会氛围，培育知荣辱、讲正气、作奉献、促和谐的良好风尚。深入开展道德领域突出问题专项教育和治理，加强政务诚信、商务诚信、社会诚信和司法公信建设。加强和改进思想政治工作，注重人文关怀和心理疏导，培育自尊自信、理性平和、积极向上的社会心态。深化群众性精神文明创建活动，广泛开展志愿服务，推动学雷锋活动、学习宣传道德模范常态化。

增强文化整体实力和竞争力。文化实力和竞争力是国家富强、民族振兴的重要标志。要坚持把社会效益放在首位、社会效益和经济效益相统一，推动文化事业全面繁荣、文化产业快速发展。发展哲学社会科学、新闻出版、广播影视、文学艺术事业。加强重大公共文化工程和文化项目建设，完善公共文化服务体系，提高服务效能。促进文化和科技融合，发展新型文化业态，提高文化产业规模化、集约化、专业化水平。构建和发展现代传播体系，提高传播能力。增强国有公益性文化单位活力，完善经营性文化单位法人治理结构，繁荣文化市场。扩大文化领域对外开放，积极吸收借鉴国外优秀文化成果。营造有利于高素质文化人才大量涌现、健康成长的良好环境，造就一批名家大师和民族文化代表人物，表彰有杰出贡献的文化工作者。

2.1.4 生态文明建设的法律基础

法治是治国理政的基本方式，是推进生态文明建设的重要保障，生态文明建设要融入法律建设的立法、执法和司法各个过程。习近平总书记强调要不断深化和推进生态文明体制改革，加强顶层设计，加强科学政绩观建设，加强法治和制度建设，划定生态红线，建立责任追究制度。他指出，“再也不能简单以国内生产总值增长率来论英雄”“最重要的是要完善经济社会发展考核评价体系”“只有实行最严格的制度、最严密的法治，才能为生态文明建设提供可靠保障”。社会主义正是通过社会体制的变革，改革和完善社会制度和规范，从而形成有利于生态文明建设的体制机制，为生态文明社会构筑强有力的上层建筑及其一系列制度和法治保障。

生态文明法律体制建设，首先要建立具有统领性与指导性地位的生态文明建设基本法作为整个法制体系的纲领性文件；其次要加强和完善生态保育法的建设，明确生态保育法的基本法律制度；再次要加强生态专项法治建设，包括自然资源保护专项法、自然区域保护专项法、野生生物保护专项法等；最后要针对目前生态法律中存在的监管不严、执法不力等问题，需要加强执法改革力度，建立生态环境的联合执法机制和专门化的生态司法体系。

以2014年修订的《中华人民共和国环境保护法》实施为龙头，形成有力保护生态环境的法律法规体系。这是推进生态文明建设的强大武器。2014年修订的环境保护法在理念、制度、保障措施等方面都有重大突破和创新，提出了促进人与自然和谐的理念和保护优先的基本原则，明确要求经济社会发展要与环境保护相协调。要求建立环境资源承载能力监测预警机制，实行环境保护目标责任制和考核评价制度，建立跨区联合防治协调机制，实行重点污染物排放总量控制和排污许可管理制度，建立环境污染公共监测预警机制。同时，不仅强化了政府环境责任和环境监察机构的法律地位，还新增专章规定信息公开和公众参与，赋予公民环境知情权、参与权和监督权。2014年修订的环境保护法为推进生态文明建设提供了有力的法制保障。

十三届全国人大一次会议表决通过的宪法修正案，增加了新发展理念和生态文明的内容，法律体系“绿色化”不断推进。在民法方面，2021年1月1日起施行的《中华人民共和国民法典》第九条：“民事主体从事民事活动，应当有利于节约资源、保护生态环境。”在商法方面，环境保护税法及其配套条例已发布实施。在刑法方面，刑法第三百三十八条规定了污染环境罪。2021年，刑法修正案将污染环境罪的法定最高刑提高至15年有期徒刑，并以犯罪情节作为从重追究刑事责任的标准；将环境影响评价造假、伪造环境监测数据的行为明确规定为犯罪，加大对环保领域提供虚假证明文件行为的处罚力度；增加破坏自然保护地生态犯罪的规定。从民事侵权、刑事责任等方面进一步加大对生态环境保护违法行为的打击力度。在诉讼法方面，民事诉讼法和行政诉讼法健全和完善了环境民事侵权诉讼、环境民事公益诉讼、环境行政公益诉讼等制度。

2.2 生态文明建设的挑战

长期以来，我国自然生态系统超负荷承载，生态环境问题集中爆发，生态文明建设负重前行，取得了积极成效，但离民众所期待的优美生态环境仍有较大差距，生态文明建设基础薄弱，经济社会发展方式相对粗放。我国仍处于社会主义初级阶段，东西部发展以及城乡发展差异较大，发展不平衡、不充分特征明显，各地发展愿望迫切。受产业结构、能源消费结构所限，经济社会发展中资源能源消耗与污染物排放量较高，经济增长与资源消耗、污染排放尚未脱钩。各省统计数据相关性分析显示，人均GDP年度增长率与产业结构调整、能源消费总量控制、大气和水体污染物排放削减、空气质量改善效果呈现显著负相关，表明经济社会发展与生态环境保护矛盾依然尖锐。生态文明建设并不否定经济社会发展，要实现人与自然和谐“双赢”的目标，经济发展是生态文明建设的基本要求，也是我国生态环境问题彻底解决的前提。

2.2.1 生态环境方面

2.2.1.1 生态系统保育仍是我国生态文明建设的短板

2021 年，全国生态质量指数（EQI）为 59.77，生态质量为二类，与 2020 年相比基本稳定。自然生态质量为一类的县域面积占国土面积的 27.7%，二类的占 32.2%，三类的占 32.7%，四类的占 6.6%，五类的占 0.8%。随着我国退耕还林还草、天然林资源保护等一系列重大生态保护与修复工程的实施，森林面积覆盖率为 23.04%，草地面积为 2.65 亿 hm^2，草原综合植被盖度达 50.32%，全国完成造林 383 万 hm^2，种草改良 321.4 万 hm^2，治理沙化、石漠化土地 184.73 万 hm^2。全国水土流失面积为 269.27 万 km^2。其中，水力侵蚀面积为 112.00 万 km^2，风力侵蚀面积为 157.27 万 km^2。按侵蚀强度划分，轻度、中度、强烈、极强烈和剧烈侵蚀面积分别占全国水土流失总面积的 63.3%、17.2%、7.6%、5.7%和 6.2%。2021 年，全国主要林业有害生物发生面积 1 255.37 万 hm^2，比 2020 年下降 1.8%。其中，虫害发生面积 765 hm^2，比 2020 年下降 1.8%；病害发生面积 284.74 万 hm^2。在草原灾害方面，全国草原有害生物危害面积 5 179.95 万 hm^2。其中，鼠害危害面积 3 761.89 万 hm^2，虫害危害面积 791.93 万 hm^2，有害植物危害面积 611.20 万 hm^2，病害危害面积 14.94 万 hm^2。2021 年全国共发生草原火灾 18 起，未发生重大及以上草原火灾，受害草原面积约 4 170 hm^2，草原火灾次数和受害草原面积分别比 2020 年上升 38.5%和下降 62.2%。生物多样性保护同样面临严峻挑战，生态空间被大量挤占。全国 34 450 种已知高等植物的评估结果显示，需要重点关注和保护的高等植物 10 102 种，占评估物种总数的 29.3%；4 357 种已知脊椎动物（除海洋鱼类）的评估结果显示，需要重点关注和保护的脊椎动物 2 471 种，占评估物种总数的 56.7%，其中受威胁 932 种、近危等级 598 种。综上所述，我国生态基础较脆弱，生态系统承载能力不足将成为环境质量根本改善、资源可持续供给以及应对气候变化的关键制约因素。虽然保护环境和节约资源先后被确立为我国的基本国策，但生态系统保育却未得到足够重视。尤其对地方政府而言，由于生态系统保护与修复产生成效的时间周期较长，而资源利用优化和环境改善方面能够较快取得效益。因此，资源利用和环境改善方面更容易受到地方政府重视。全国省级政府在生态、环境、资源三个方面信息公开文件的数量显示，各省份对资源利用方面的关注度最高，对环境质量改善的重视次之，对生态系统保育方面的关注度最低。自然保护区是我国生物多样性保护的重要载体，由于长期以来经济社会发展对自然资源需求持续增长，部分自然保护区作为资源的富集区，被违规侵占、开发的现象屡禁不止，自然保护区面积萎缩以及碎片化、“孤岛化”问题严重，导致全国生物多样性下降的总趋势仍未得到根本遏制。

2.2.1.2　环境质量改善与民众的优美环境需求存在差距

我国不断加大环境基础设施建设力度，健全环境治理体系，城市生活污水处理初步核算，截至2021年年底，全国城市污水处理厂处理能力2.02亿m^3/d，污水处理总量584.6亿m^3，污水处理率97.5%。城市生活垃圾处理初步核算，截至2021年年底，全国城市生活垃圾无害化处理能力99.49万t/d，生活垃圾无害化处理率99.9%。农业面源污染方面，全国畜禽粪污综合利用率超过76%，秸秆综合利用率超过87%，农膜回收率稳定在80%以上。但由于我国资源消耗和污染物排放的绝对量仍处于高位，生态环境承载负荷过重，人民群众对环境质量改善的获得感不强。2021年全国仍有36%的地级以上城市环境空气质量超标（图2-1），地表水总体水质状况，Ⅳ～劣Ⅴ类水质占比达到15.1%（图2-2）。另外，我国农业生产中农药、化肥施用量长期保持在较高水平，中国化肥施用强度大约为362.0 kg/hm^2，远超国际安全警戒线标准（225 kg/hm^2），而主要粮食作物对化肥、农药有效利用率不足40%，大量施用的化肥、农药增加了土壤环境以及水体环境污染的潜在风险。

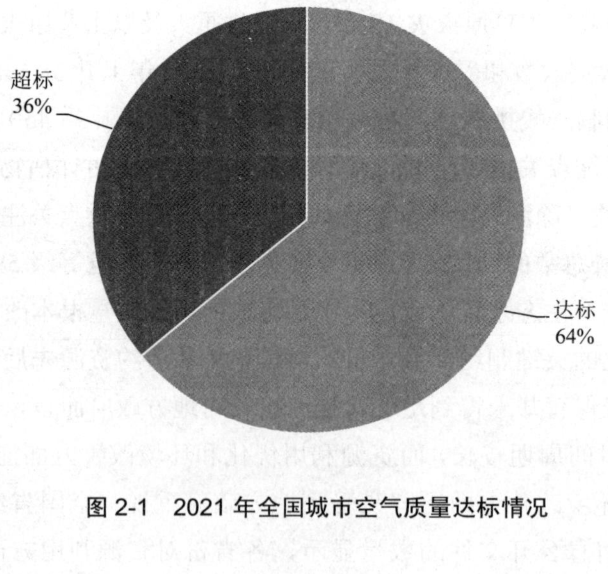

图2-1　2021年全国城市空气质量达标情况

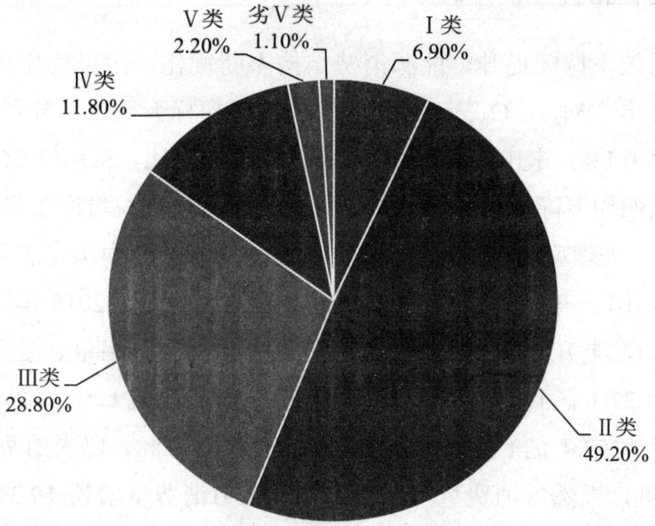

图 2-2　2021 年全国主要地表水水质情况

环境质量改善方面的政策措施，在促进环境基础设施建设方面产生了积极作用，但由于资源消耗和污染物排放的绝对量仍然较大，生态环境长期超负荷承载，现有措施还没有直接驱动环境质量的改善。化肥、农药施用量较高的地区开始把农业面源污染防治纳入环境治理的重点，而改善环境质量不可能一蹴而就，其政策效应如何还有待时间的检验。

2.2.1.3　重环境保护与资源节约，轻生态保育现象仍然存在

生态系统与环境、资源是“一体两用”的关系，由于自然环境和资源直接支撑人类生存与发展，人们对其变化感知及时，因此，它们更容易获得关注。我国早就明确了环境保护、节约资源的基本国策，建设资源节约、环境友好“两型”社会，国家投入环境污染治理的经费总额远超同期生态保护与建设投资，政府实际工作中也偏好改善资源利用，以便收到立竿见影的效果。生态系统却未得到应有的重视，世界范围内普遍存在局部环境好转而整体生态退化的趋势。事实上，忽视生态保育，片面强调环境治理和资源节约，无异于舍本逐末，提升生态系统活力，其本质也能扩充环境容量，增加资源储备。各省面板数据相关性分析显示，生态系统保育与环境质量改善速度显著正相关，这表明生态系统活力增强，改善环境质量也能事半功倍。

2.2.1.4 资源利用优化仍有提升的空间

我国资源利用效率持续提升，能源消费结构不断优化，污染物排放量大幅削减。大气污染方面，2021 年 $PM_{2.5}$、O_3、PM_{10}、NO 和 CO 超标天数比例分别为 5.2%、4.4%、2.3%、0.2%和不足 0.1%，未出现 SO_2 超标。与 2020 年相比，SO_2 和 CO 基本持平，其他污染物超标天数比例均下降。2019 年，196 个大中城市生活垃圾产生量 23 560.2 万 t，处理量 23 487.2 万 t，处理率达 99.7%。根据 2016—2019 年《中国生态环境统计公报》的数据，2016—2019 年，一般工业固体废物产生量逐年上升，由 2016 年的 37.1 亿 t 上升为 2019 年的 44.1 亿 t，上升 18.8%；一般工业固体废物综合利用量、处置量总体呈上升趋势，2016 年分别为 21.1 亿 t、8.5 亿 t，2019 年分别为 23.2 亿 t、11.0 亿 t。初步核算 2021 年能源消费，总量为 52.4 亿 t 标准煤，比 2020 年增长 52%。煤炭消费量增长 4.6%，原油消费量增长 4.1%，天然气消费量增长 12.5%，电力消费量增长 10.3%。煤炭消费量占能源消费总量的 56.0%，比 2020 年下降 0.9%；天然气、水电、核电、风电、太阳能发电等清洁能源消费量占能源消费总量的 25.5%，比 2020 年上升 12%。全国万元国内生产总值能耗比 2020 年下降 2.7%。长期以来，我国经济发展模式相对粗放，能源消费总量高位运行，且仍在持续攀升，能源消费结构中煤炭所占比重高达 56.0%，碳达峰、碳中和推进压力较大；资源综合循环利用能力不足，大量可再生资源被浪费。大宗工业固体废物产生量大，储存、处置占地多，已对生态环境和社会可持续发展造成了严重的影响。大量资源消耗后产生的污染物排放量巨大，导致生态环境承载负荷较重。进一步优化资源利用方式、减污降碳，仍是应对气候变化、促进生态环境质量根本改善的必然选择。对生态环境造成破坏的原因大部分来自对资源的过度开发、粗放型使用。目前，我国资源利用优化的进步主要得益于政府加大环境监管力度，污染末端治理能力增强，大气污染物、水体污染物排放量大幅削减。而能源利用优化和资源减量增效仍举步维艰，全国能源消费总量尚未达到峰值，能源消费结构优化、利用效率提升以及资源综合循环利用推进缓慢。

2.2.2 经济社会发展方面

2.2.2.1 经济发展模式转变催生绿色生态经济

2012 年以来，我国国内生产总值增幅在 7%～8%，2015 年降至 6.9%，2018 年以来经济下行压力不断增大（图 2-3）。中国作为世界第二大经济体，经济增长不会像以前一样年均超过 10%，曾经作为拉动我国经济增长的投资、贸易两大动力引擎逐渐让位于消费需求，出现“中国制造”让位于“中国需求”和“中国市场”的趋势。中国经济进入高速增长到中高速增长的换档期，经济结构深度调整的阵痛期，新旧产业与动力转换的衔接期。经济增速放缓让一些传统经济支撑力量逐步削减，有助于降低经济发展的生态成本，缩小贫富差距，改善生态环境。经济形势的变化，对我国提出了重构经济增长动力、寻求未来经济增长新支柱的挑战。我国必须转变生产方式，通过深化改革，调整产业结构，走内涵式发展、可持续发展、科学发展的道路；由过去的粗放型经济转向现在的集约型经济，由“中国制造”转向“中国创造”，从追求生产速度向追求质量效益转变，从追求发展速度向追求发展稳定性、持续性转变，从高能耗产业向新兴环保产业转变，从牺牲百姓福利向共享改革红利转变。

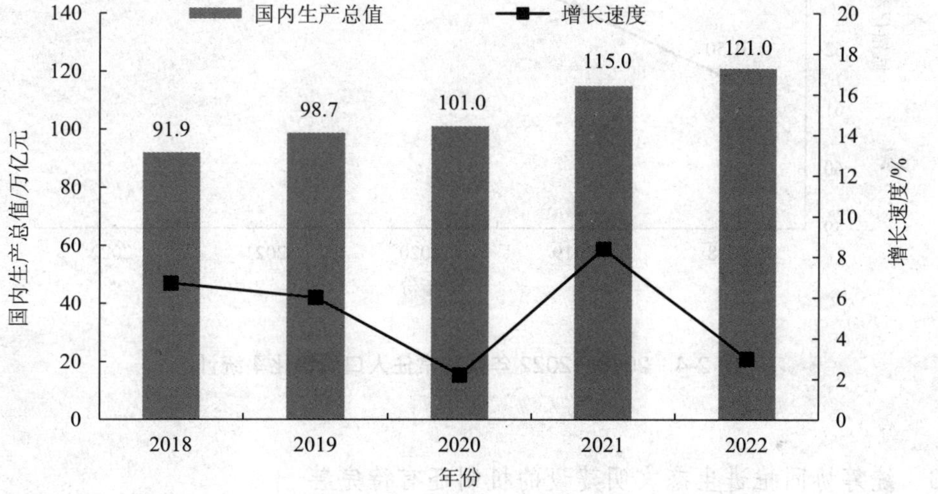

图 2-3　2018—2022 年国内生产总值及其增长速度

要从根本上缓解经济发展与生态环境之间的矛盾，必须构建科技含量高、资源消耗低、环境污染少的产业结构，依靠技术创新推动生产方式绿色化，提高经济绿色化程度，有效降低发展的生态环境代价。在经济新常态下，由经济增速放缓引发的生产方式变革、发展模式变革的持续发酵，无疑对缓解我国生态环境面临的资源约束趋紧、环境污染严重、生态系统退化的严峻形势来说是很大的利好。鉴于我国现在环境承载能力已经达到或接近上限，创新经济发展新模式、推动形成绿色低碳循环发展成为必然选择。

2.2.2.2　城镇化的推进短期内将加大生态、环境、资源压力

城镇化有利于加强土地资源的集约化利用，从而为生态建设留出更多空间，也有助于切实提高资源能源利用效率，优化能源结构，加快完善城市环境基础设施，增强环境污染防治能力，减少污染物排放，改善环境质量。但是，短期内我国城镇化快速发展，也有加

重生态环境压力的风险（图 2-4）。城镇化建设加剧了土地资源供需矛盾，导致部分生态用地被侵占，对能源刚性需求上升，不利于能源消费总量控制和能源结构优化。尤其是城市生活垃圾、污水产生量大幅增加，如果环境治理与资源综合循环利用能力不及时跟进，将面临“垃圾围城”的窘境。

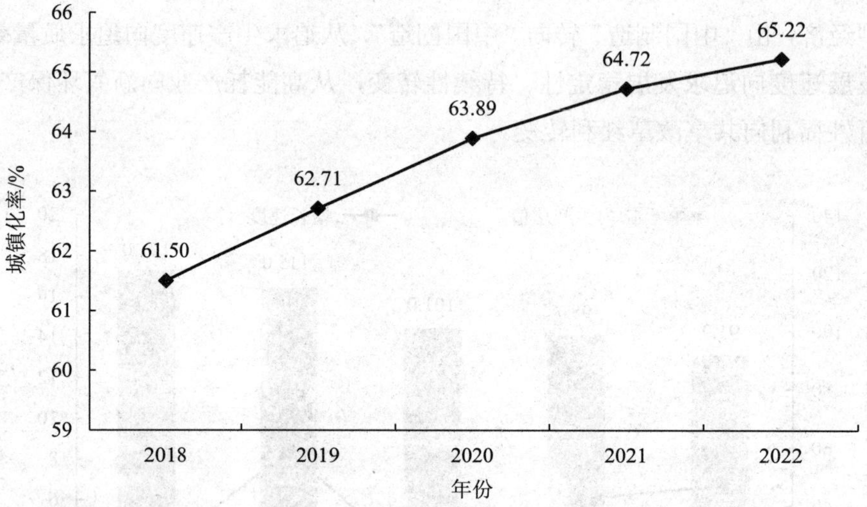

图 2-4　2018—2022 年我国常住人口城镇化率统计

2.2.2.3　统筹协同推进生态文明建设的机制还有待完善

我国生态文明建设与经济建设的矛盾依然存在。有研究发现，在生态系统保育和资源合理利用方面，政府关注度与地区人均生产总值增长率呈显著负相关，与第三产业产值占国内生产总值比例增长率呈显著正相关，政府在生态、环境、资源三个方面的关注度均与居民人均可支配收入增长率呈显著正相关。这表明，经济相对发达的省份综合实力较强，生态文明建设的物质基础、保障条件更为充分，对生态文明建设的关注度更高。另外，我国推进生态文明建设，“倒逼”经济发展方式转型，促进产业结构调整升级，在短期内会对地区经济增长产生一定的影响，但从长远来看，良好的生态环境是经济社会持续健康发展的基础，也是我国进一步优化产业布局、跨越中等收入陷阱、实现高质量发展的必由之路。

生态文明建设并不否定经济社会发展，而是要转变传统工业文明时期形成的以资源消耗和生态环境污染为代价的经济增长模式，确保人类社会与自然和谐“双赢”、永续发展。我国中西部地区，当前正面临生态环境保护与经济社会发展的双重艰巨任务。一方面，这些地区是维护我国国土生态安全的重要屏障，森林、草原、湿地以及自然保护区等主要分布在中西部省份；另一方面，这些地区经济水平相对落后，经济社会发展需求迫切。在后续深入推进西部大开发和中部崛起的战略中，中西部省份在积极承接东部产业转移时，需要警惕污染密集型产业从东部向中西部地区转移，防控生态环境退化的风险。

2.2.2.4　资源利用优化还未转化为环境质量改善的直接动力

我国不断优化资源利用模式，促进环境质量改善取得一定进展，但民众感受并不明显，各省资源合理利用与环境质量改善的面板数据无显著相关性。究其根源，一方面，由于整体资源利用水平不高，产业结构、能源结构不尽合理，资源能源消耗强度较大，污染物排放处于高位，生态环境承载负荷较重；另一方面，产业布局与生态环境承载能力不相匹配，生态环境历史遗留问题较多，部分地区生态系统的资源供给能力和环境容量已经达到或接近上限。我国环境保护工作的目标，从污染物排放强度控制、总量减排到以环境质量改善为核心的转变，也印证了优化资源利用促进环境质量改善未达预期效果，当前资源利用水平的提升只是对生态环境恶化态势有所缓解，离环境质量根本好转还有一定距离，这对今后进一步优化资源利用模式提出了更高的要求。城镇化的推进短期内将加大生态、环境、资源压力。城镇化有利于加强土地资源的集约化利用，从而为生态建设留出更多空间，也有助于切实提高资源能源利用效率，优化能源结构，加快完善城市环境基础设施，增强环境污染防治能力，减少污染物排放，改善环境质量。

2.2.3　社会公众认识方面

文明是人类社会进化状态与进步状态的标志，反映物质生产成果和精神生产成果的总和，随着人类的发展而进步。生态文明是继工业文明之后人类文明发展的新阶段，它是人类在改造自然以造福自身的过程中，为实现人与自然之间的和谐所做的全部努力和所取得的全部成果，它表征人与自然相互关系的进步状态。具体来说，生态文明是以保护自然环境为基础，以人与自然、人与社会、人与自身和谐共生、永续发展为宗旨，以建立文明的生产方式和生活方式为内涵，以自然再生产、社会再生产和人类再生产良性循环为取向的一种人类文明形态。当前在经济新常态下，我国生态文明建设面临着知与行、经济发展与生态治理之间的矛盾，也面临着生产方式、消费方式两个重大转变。

2.2.3.1　公众生态意识觉醒和自觉践行的矛盾对立

中华人民共和国成立之初，经济基础极其薄弱，一穷二白，因此我们聚精会神搞建设，一心一意谋发展，追赶世界发展的脚步，生态环境保护长久以来让位于经济发展。与此同时，我国经济高速增长带来的资源约束趋紧、环境污染严重、生态系统退化等问题日益严重。频发的自然灾害、资源能源的日渐枯竭、恶化的生存环境等已经引起国家和人民的高度关注。可以说，我国生态环境保护意识是在日益恶化的生态系统带来的沉痛教训背景下逐渐觉醒的。但是，生态环境保护与地方经济发展、生态环境保护与官员政绩仕途发展、生态环境保护理念与人们日常践行仍旧存在着知易行难的问题。党的十八大报告中明确提出，要加强生态文明宣传教育，增强全民节约意识、环保意识、生态意识，形成合理消费的社会风尚，营造爱护生态环境的良好风气。我国公众的生态意识正在觉醒，向好的方向发展趋势显著。据调查，我国公众生态文明的总体认同度、知晓度、践行度上呈现出“高认同、低认知、践行度不够”的特点。首先，公众对我国生态文明的认同度较高，主要体现在对我国进行生态文明建设充分理解和支持，对我国大力加强保护农村耕地、水土、草场植被、森林等持积极态度，对饮用水安全和关乎千家万户的食品安全给予特别关注。我国政府和公众对于生态文明的关注、宣传和保护力度在民众生态意识形成中起到了积极作用，成效逐步显现，获得较高认同度。其次，公众对生态知识的认知程度还不高，主要体现在公众对我国生态文明概念、生态环境问题、生态文明建设战略基本内容的了解及其辨识程度还不高，说明虽然生态文明建设在总体上获得广泛认同，但是在生态文明建设需要了解的知识上呈现出“高了解率、低准确率、知晓面广”的特征。最后，公众生态文明践行习惯和行为较差，与生态文明意识初步形成存在反差，主要体现在普通民众在节约资源习惯的养成、理性消费、举报环境违法以及主动宣传生态文明的日常行为习惯等方面与生态文明意识存在差距，生态道德和生态价值观虽然初步形成，却不能把理性的生态文明意识外化为生态文明习惯和行为。归根结底，是我国生态文化还没有在全社会获得广泛认同，生态文化还没有成为社会的主流文化。因此，我国公众生态文明意识和生态文明行为形成悖论，实践中我国生态文明意识虽然觉醒，但自觉践行的行为却没有养成，践行生态环境保护的社会环境培育机制还不健全，氛围还不浓厚，生态文明行为养成任重道远。

2.2.3.2 唯 GDP 论的政绩观导致生态治理乏力

马克思在《资本论》中指出：“生产剩余价值或赚钱，是这个生产方式的绝对规律。”他一针见血地指出了资本主义社会的主要动力及资产阶级疯狂追逐财富的本质根源，资本主义生产的目的就是追求剩余价值的最大化。基于此，资产阶级把资本奉为上帝，他们对于资本的疯狂追求，本身就具有反生态性。资本具有明确的优先权：它自身的积累要优先于其目标和价值，为了获取利润而不惜牺牲自然。

资本的自利逻辑和追求利润最大化的特征与生态自然环境保护天然对立。在资本主义社会，由于剩余价值最大化这个“绝对规律”的利益驱使，资本家根本无暇顾及生态环境问题，最终给人类带来生态危机。由此，马克思认为，人与自然矛盾的真正解决，只有在共产主义社会才能实现。现阶段，我国处于社会主义初级阶段，基本经济制度是公有制为主体，多种所有制经济共同发展，能够在制度上对资本进行引导和监管。在机制层面上，通过深化改革，调整政府和市场的关系，改变过去一味地追求经济高速增长，忽视资源、环境代价的发展模式。在 GDP 中高速增长成为常态的情况下，应摒弃“唯 GDP 论”的政绩观，把经济发展与生态环境保护、民生改善放在同等重要的地位。我国宪法明确规定：“国家保护和改善生活环境和生态环境，防治污染和其他公害。”1989 年，全国人大常委会通过了《中华人民共和国环境保护法》，并在 2014 年进行了修订，将保护环境列为我国的基本国策。从政府治理的角度上看，尽管我国在保护生态自然环境方面有法可依，但是还不能完全做到违法必究、执法必严。虽然，党的十八届三中全会提出建立生态环境损害责任终身追究制度，但是，领导干部自然资源资产离任审计目前还不能完全有效实施。从公众参与的角度上看，公众参与是生态环境保护中不可忽视的重要力量，正是有了普通公众的积极支持、参与、配合，才进一步推动了我国生态文明建设的进步。公众环保意识觉醒，生态环境问题逐步引起公众的重视，公众环保利益诉求日益增大。

2.2.3.3　不合理的生产方式和消费方式

传统发展方式存在的主要问题是经济发展与环境保护之间存在冲突，经济发展的速度越快，对自然资源的消耗和对生态环境的破坏越严重。以资本逻辑为主导的生产方式更重视生产力的高速发展，认为提高生产力发展水平就是获取更多的物质财富，甚至形成以牺牲“绿水青山”换取“金山银山”的不可持续的发展方式。“绿水青山就是金山银山”要求坚持绿色发展、协调发展、高质量发展。正确处理经济发展与环境保护之间的关系，当经济发展与环境保护发生冲突时，“宁要绿水青山，不要金山银山”，因为“绿水青山就是金山银山”。实现生产力的高质量发展与生态环境发展的统一，就是要发展生态生产力，以生产力的高质量发展促进生产力要素结构的生态转型。

由于不合理的消费带来的环境污染不分贫富贵贱，人人必须共同承受。以我们有限的资源、有限的生态去满足不合理的消费欲望是不可能的。所以我们要形成一种以适度消费为核心的科学消费观念，使人们的精神生活日益丰富，精神消费支出日益增多。

2.3　生态文明建设的保障

对于生态文明建设来讲，主要目的就是促进物质文明、精神文明的进步，强调人与人、人与自然的和谐相处，营造良好的生态文明环境氛围，从根本上达到经济有效、社会公正的良好生态循环形式，是促使社会文明发展、生态进步的重要措施。在生态文明建设的过程中，强调尊重、顺应自然规律，对生态环境进行保护，促使物质文明、精神文明的进步，使得人与自然之间能够和谐相处，给予生态环境内在价值一定的肯定，在合理保护环境的同时促使其持续性、稳定性的发展进步。

2.3.1 生态文明建设的审计制度保障

审计应该随着审计环境变化而变化，一旦审计环境发生变化，审计组织形式、审计工作重点和审计方法、技术等也必须作适当调整。生态文明审计是现代审计为适应审计环境变化而演进的必然结果。在我国，它源于 20 世纪 90 年代以来审计机关和审计部门相继开展环境保护审计、资源环境审计和领导干部自然资源资产离任审计等各种专项审计工作。

进入新时代，我国社会的主要矛盾发生了根本性转变，人民日益增长的美好生活需要和不平衡不充分的发展之间的矛盾日渐突出。习近平生态文明思想形成并日益深入人心，成为各级党委、政府和全国各族人民全面推进生态文明建设的指导思想和行动纲领。过往那种专注“环境”，或者专注“资源环境”、抑或专注“自然资源资产管理和生态环境保护”的内容相对单一的生态文明审计范式，已经不能充分地满足新时代审计环境变化的新要求，因而需要进行系统性、整体性的赋能升级，进一步跃升为以“生态文明建设”为主要审计主题、内容相对复杂的生态文明审计形态。

2.3.1.1 生态文明审计的内涵界定

生态文明审计，简言之，就是服务于生态文明建设的审计，是运用现代审计理论与方法对生态文明建设过程及其结果进行审计监督和审计评价的一种特殊制度安排。也就是说，在审计实践中，透过对生态循环系统的认知，将生态文明审计显性嵌入自然生态与人类活动交互作用过程中，从而实现对生态文明建设全过程的实时全景式审计查错或纠偏，以及对相关责任主体或责任人在一定程度上的审计问责。

2.3.1.2 生态文明审计的制度本质

（1）生态文明审计是一项责任审计制度。牢固树立主体责任意识、勇于创新、担当作为，是生态文明建设得以落地实施的动力源泉和关键所在，而建立有效有力的评责、问责和追责机制，是确保生态文明建设各责任主体履职尽责的不二法门。生态文明审计就是这样一种责任审计制度，在生态文明建设过程中发挥着责任考评和责任追究作用，其基础可以追溯到我国已经广泛开展、相对成熟并积累了一定实践经验的经济责任审计。

（2）生态文明审计是一项经济监督制度。审计监督是生态文明审计的首要职责。作为一种管理职能，审计监督在现代国家与社会治理中更多的是强调监督者与被监督者之间的利益、角色和立场的差异性，通过查看其行、检视其事来发现问题、纠正偏差。“求异”是其突出特质。生态文明审计在本质上是一种“求异”的经济监督制度，也就是一种代表全体人民的生态文明利益，受党和国家委托，侧重经济角度，依法依规对各责任主体履行生态文明建设责任情况进行监督检查活动。

（3）生态文明审计是一项绩效评价制度。审计评价也是生态文明审计的主要职责。评价就是对一件事或一个人进行判断、分析后得出结论。评价结论的准确性与评价尺度、评价标准和评价价值密切相关。它不仅取决于事物或过程的事实本身，而且取决于评价主体的认知水平和努力程度。评价过程实质上是一个主观见之于客观、定性与定量分析相结合的“解蔽”过程，也就是理解、解惑或释疑说明事实真相或客观存在的过程。

2.3.1.3 生态文明审计的实施途径

“激励”“透明”“问责”被认为是审计机关实现效率和可信度最大化的三大要素。据此而论，合作与激励、增加透明度、评价与问责，是提高生态文明审计工作效率和质量的基本路径。

（1）合作与激励是生态文明审计实施的基本途径。合作与激励是生态文明审计工作提质增效的重要方式。生态文明审计是一项复合性、整体性和系统性工作，特别需要各方协调一致、通力合作。合作是激励的前提，激励是为了更好地进行合作，两者互相依赖、互为前提。换句话说，没有一定程度上的合作，也就没有真正意义上的激励；相反，没有与之相匹配的激励，也就不存在持久意义上的合作。依法依规依纪审计是生态文明审计的核心，法律和行政的审计方式是生态文明审计常态化的“硬”的政策工具。但是，如果能更好地端正审计工作态度、强化审计合作意识，善于使用沟通、协调、商量、激励等这些看似“软”的审计方式，统一思想、形成共识，可能会更有利于提高生态文明审计的效率和质量，尤其对于私人部门或领域，有时只提出原则性的指导意见，也就是“轻轻一推”，或许能更好地促进生态文明审计向纵深发展。生态文明审计点多面广、内容丰富、关系复杂，对专业知识和专业技能尤其是数字技术应用能力要求很高。现有审计人员中财务、会计、审计专业背景过多，基于大数据处理电子数据、数字化数据与信息的技术能力偏弱，数据挖掘、贯通、集中和图像处理、叠加等分析能力不足，不能满足生态文明审计跨层级、跨地区、跨系统、跨部门、跨业务、跨学科和跨专业的综合知识和交叉能力需求。此外，生态文明审计在现实生活中既不可能完全覆盖所有生态文明建设事项和活动，也不可能完全取代与生态文明建设有关的执纪巡查和生态环境执法等其他监督活动。因此，唯有采取合作与激励的途径，才能补短板、强能力、聚合力，也就是在与生态文明建设责任主体全方位、全过程、全要素合作的同时，激励其主动接受、自愿协定、自我负担、自觉开展生态文明审计，主动发现、揭示、纠正和预防生态文明建设中的不当行为或舞弊现象。

（2）增加透明度是生态文明审计实施的通用途径。增加透明度是生态文明审计提高公信力的基本要求。透明度在自然界中是一种物理现象，指的是物质透过自身可以清晰地看到自己的另一面。延伸到经济领域和社会领域，则是指“没有虚假或欺骗”“易于察觉或调查”“容易理解”等。信息透明度是指在规定的时间，以规范的频率，公布或披露符合一定标准和质量要求的信息的一种制度规范。它是一个与信息的公开、披露和自由密切相关的概念，至少涉及信息内容的真实性、可理解性及信息易获取性等方面。信息透明度越高，信息质量越好，信息公开或披露者的公开或披露心理行为越健康，信息需求者的信息知情权就越能得到满足。

增加信息透明度至少有两层含义：一要形成和披露生态文明建设方面的相关信息，主要涉及生态文明建设的公共权力运作、公共政策执行和公共资源使用等方面，这是生态文明审计得以展开的前提；二要公布和列报生态文明审计方面的相关信息，主要涉及生态文明审计服务以及生态文明建设的具体内容、主要程序和审计结果，这是生态文明建设接受监督和问责，尤其是接受群众监督和执纪问责的基础。

（3）评价与问责是生态文明审计实施的关键途径。评价问责是生态文明审计增进效用的主要措施。评价就是判断分析。生态文明审计在功用上是属于分析性的，也就是生态文明审计行为活动必须运用执业准则所规定的审计程序与方法，根据收集的充分、客观和重要的审计证据，对给定的认定或声明发表意见、作出判断、形成结论。在此过程中，生态文明审计既要提供监督性服务，又要提供评价性服务，从一定程度上讲，提供评价性服务更为重要、更有意义。问责就是追究责任，只有通过有效问责，层层传导压力，才能形成推动生态文明建设的强劲动力。问责导向是生态文明审计的新赋能，即在了解和摸清生态文明建设各责任主体政策落实、任务完成及资源使用等情况的基础上，通过责任追究来要求其承担否定性后果。将生态文明审计结果与生态文明建设责任追究紧密结合起来，不仅可以对生态文明建设公共权力行使者起到威慑和制衡作用，而且可以避免因不作为、慢作为、乱作为导致的生态文明建设公共政策执行不到位、公共资源利用不达标等问题。诚然，为确保生态文明审计问责的公正性，有必要建立健全相应的错误救济制度，也就是要针对在问责过程中的制度缺陷、情况不透明和工作失误等导致的问责偏差或失误，建立及时纠偏纠错的制度。

2.3.2 生态文明建设的法治保障体系

生态文明法治保障体系的建设工作应完善体系内容、构建方式、理念等，不断优化有关的法律体系，使生态文明建设工作有章可循、有法可依，促使生态文明建设工作的高效化发展。

2.3.2.1 依法保障生态文明建设的必要性

生态环境法治建设可以有效保障生态环境，相关部门应该不断完善环境保护内容，加强生态文明建设，保护我国的自然资源，有效促进经济发展。生态环境法治建设是我国环境保护的重要工作。对于目前存在的问题，相关部门应根据实际要求，不断完善法律制度，制定相应的法律法规，改善我国的生态环境现状，增加相应的立法，对破坏生态环境的行为加以制止，确保生态文明建设工作有效开展，加强环境保护的法治化，促进生态文明建设的良好发展。

2.3.2.2 生态文明建设法治保障体系的构建措施

为了确保在生态文明建设期间能够构建完善的法治保障体系，应遵循基本性的原则，完善其中的体系内容与模式。健全的法治保障体系，对生态文明建设工作起到一定的规范作用和约束作用，能够保证工作的高质量开展、有效性执行。具体的构建措施如下所述。

（1）遵循基本性的构建工作要点。为了更好地构建法治保障体系，应该遵循基本性的工作要点。首先，应该按照生态优先的要点开展工作，将生态效益放在经济效益之上，在经济发展的过程中强调对生态环境的保护，完善法律制度中环境保护的内容、规范和要求。其次，应遵循预防生态环境恶化的基本要点，统一相关的生态文明建设的质量标准、法律制度要求，将预防生态环境恶化当作核心部分、主要部分，在建立有关法律制度体系的情况下，更好地改善生态环境，对其进行保护和完善。最后，应该遵守生态民主的基本要点，在制定环保政策、法律制度的过程中，给予社会群众一定的参与权利，在社会群众的环保权利受到侵害的时候，就可以寻求法律援助，在保护群众权利的同时，使其更好地参与到环保监督活动中，为生态文明建设提供更多的帮助。除此之外，在构建法治保障体系的过程中，还需遵循共同责任的基本要点，明确生态环境保护的责任主体，在责任范围内发生环保问题的情况下，就要处罚负责人，确保工作的进一步有效开展。

（2）健全地方法规的内容。在构建有关生态文明建设法治保障体系的工作中，应重视地方法规内容的建立和完善，为地方的生态文明建设工作提供一定的支持和指导。首先，在建立地方法律制度的过程中，应该出台有关的条例，以国家法律为基础，提供地方生态文明建设方面的指导，完善有关的法律制度内容，在内容中明确具体的生态文明建设指导思想、未来发展目标、主要的工作原则，为各个主体设定主要的工作权利和义务，在条例中全面覆盖各项地方生态文明建设的管理内容，主要涉及环境治理的法律制度、污染问题防治的法律内容、生态资源保护的法律内容、能源利用的法律内容等。其次，在完善有关地方法律制度期间，应争取政府部门的支持，以区域环境治理为主要部分，设定有关的环境保护污染预防的法律制度，在地方出台有关的大气污染、水污染、土壤污染等防治的法律制度，结合当地区域的情况完善并且修改法律的内容，便于开展指导和管理工作，使生态文明建设工作能够高质量、稳定地执行。

（3）合理构建执法工作制度。为了更好地构建生态文明建设的法治保障体系，应重视有关执法工作制度的健全和完善，在保证执法制度全面性和完善性的情况下，增强各方面的执法工作效果。首先，应重点创建常规性的执法监测系统和机制，在完善常规执法监测体系的情况下，强化对环境问题源头的控制，系统化开展企业生产监测工作。与此同时，有关的执法人员在工作中还需应用先进的环境监测技术和设备，如无人机设备、检测器设备等，在全面进行企业生产监测的情况下，如果发现有污染问题，及时制止，从源头方面消除污染问题，保证执法工作的高质量开展。其次，创建交叉类型的执法工作模式，也就是对县级、省市级的执法人员进行抽调，组建中心执法小组，在执法的过程中如果发现企业有污染问题，但是不严重，就可以通过发函的方式为企业提供改正的空间，调整生产行为，杜绝环境污染问题。如果企业的污染问题非常严重，就要进行相应的惩罚，并且公开惩罚结果，起到法律制度的震慑性作用。最后，在执法的过程中为了提高工作效果，应开展执法工作的监督活动，以纪检监察机构为主体部分，成立有关的巡视工作小组，在合理进行执法巡查的情况下，及时了解执法机构或者人员的工作不足，及时开展相应的惩罚和处置工作，在一定程度上能够增强震慑作用、提高工作效率，使执法人员能够按照要求严格开展工作，保证各项执法工作的效率。除此之外，还应该创建有关的执法考核评价体系和机制，考核评价有关的执法工作是否存在问题或不足，提出整改、完善建议，使执法工作效果全面提升，有效规避和预防发生生态文明建设执法工作问题，创建系统化的工作模式，统一相关的执法工作标准，严格落实有关的法律制度与规定。

综上所述，在生态文明建设过程中，合理构建法治保障体系具有重要意义，是提高生态文明建设效果的重要措施。因此，在我国的生态文明建设和发展进程中，应着重构建法治保障体系和机制，健全法律制度内容、强化执法的管理力度，致力于增强生态文明建设效果、提高法律制度落实的有效性，以满足当前在生态文明建设过程中的管理需求。

2.3.3　生态文明建设的根本保障

我们党始终重视思想建党，在建设社会主义事业中更是始终坚持用马克思主义中国化的最新理论成果武装全党。加强党对生态文明建设的领导，用习近平生态文明思想指导生态文明建设，坚持为人民谋幸福的价值取向。生态文明建设需要正确的价值指引，加强党的领导可为生态文明建设提供价值支撑。

2.3.3.1　党的领导对生态文明建设的意义

政治建设在党的建设中始终处于首要位置，决定着党的建设方向与效果。生态文明建设是关系党的宗旨使命的重大政治问题，加强党的领导可为生态文明建设提供政治保障。

（1）党的领导为生态文明建设指明政治方向。习近平总书记强调："政治方向是党生存发展第一位的问题，事关党的前途命运和事业兴衰成败。"方向问题至关重要，把握正确的方向始终是生态文明建设的根本要求。坚持党的领导，确保生态文明建设事业始终沿着正确的政治方向发展，不断推进中国特色社会主义生态文明建设事业向纵深发展，就能使生态文明建设做到经常对表对标、校准偏差；加强党的领导，把各级党组织建设成为坚守正确政治方向的坚强战斗堡垒，就能保证广大党员干部始终沿着生态文明建设的正确政治方向阔步向前。唯有沿着中国特色社会主义事业的正确方向前行，生态文明建设才能保持战略定力，事半功倍，不断深入，最终完成建设"美丽中国"的宏伟大业。

（2）党的领导可保证生态文明建设与其他建设协同发展。党的十八大报告指出："把生态文明建设放在突出地位，融入经济建设、政治建设、文化建设和社会建设各方面和全过程。"唯物辩证法认为，事物是普遍联系的，事物内部诸要素是通过相互联系而构成的一个有机整体。生态文明建设与经济、政治、文化和社会建设之间相互依存、相互影响、互相作用，构成一个具有内在关联性的有机整体——社会系统工程。作为社会系统工程的一个子系统，它必须获得其他子系统的配合与支持，才能取得良好的系统效益。经济建设是生态文明建设的基础，为生态文明建设提供物质保障，生态文明建设丰富了经济建设的内涵。政治建设为生态文明建设提供政治引领，生态文明建设为政治建设提供生态依托。生态文明建设是先进文化建设的题中之义，先进文化建设为生态文明建设提供强大的精神动力与价值支撑。生态文明是社会民生的重要内容，社会建设为生态文明建设提供良好的发展氛围。

习近平总书记指出："我国社会主义政治制度优越性的一个突出特点是党总揽全局、协调各方的领导核心作用。"我们党是马克思主义科学理论指导下的执政党，加强党的领导能够保证我们党始终坚持辩证唯物主义和历史唯物主义，自觉运用马克思主义哲学智慧提高党的理论思维和领导能力。党的领导能力的不断提升，能更好地发挥党总揽全局、全面协调各方的独特优势，把生态文明建设融入中国现代化建设的各个领域和各个环节，进而保证生态文明建设与其他建设耦合互动、协同发展。

（3）党的领导可增强生态文明建设的政治责任。旗帜鲜明讲政治是我们党作为马克思主义政党的本质要求。习近平总书记强调："讲政治，是我们党补钙壮骨、强身健体的根本保证，是我们党培养自我革命勇气、增强自我净化能力、提高排毒杀菌政治免疫力的根本途径。"讲政治就要旗帜鲜明坚持党的领导，加强党的建设。唯有把党的领导贯彻到生态文明建设的各方面和全过程，才能保证各行业、各地区、各部门树牢"四个意识"，坚定"四个自信"，坚决做到"两个维护"，并自觉担负起生态文明建设的政治责任，保证党中央关于生态文明建设的决策部署落地生根、开花结果，激发出推动生态文明建设的磅礴伟力。讲政治就要站稳政治立场，民心是最大的政治。

中国共产党的初心和使命，就是为中国人民谋幸福，为中华民族谋复兴，良好的生态环境是最普惠的民生福祉。坚持党对生态文明建设的领导，为广大人民群众提供良好的生态环境与优质的生态产品，不断满足人民群众美好生活的生态需求。坚持党的领导，推动领导干部旗帜鲜明讲政治，促使广大干部把旗帜鲜明讲政治的要求深度融入生态文明建设工作中，就能不断促进生态文明建设向纵深发展。生态文明建设的不断深入，又促使领导干部进一步增强政治意识，守护好为人民幸福谋生态福祉的初心与使命。

2.3.3.2 党的领导为生态文明建设提供制度保障

制度好可以使坏人无法任意横行，制度不好可以使好人无法充分做好事，甚至会走向反面。制度建设具有全局性、稳定性、根本性和长期性，用科学规范的制度建设强化党建可确保党永葆生机。在党的坚强领导下，充分发挥党的理论创新和实践创新的良性互动优势，不断健全生态文明制度体系，就可为生态文明建设提供体制、机制与监督保障，保证生态文明建设生根开花。

（1）党的领导为生态文明建设提供体制保障。习近平总书记指出："只有实行最严格的制度、最严密的法治，才能为生态文明建设提供可靠保障。"社会行为是制度设计与制度安排的结果，生态文明建设离不开科学制度体系的规范。加强党的领导，充分发挥党的自我革命品质，刀刃向内，自我开刀，着力解决制约生态文明制度体系建设的"拦路虎"，就能充分发挥生态文明制度体系的保障作用。中国共产党是善于运用马克思主义立场、观点和方法分析问题和解决问题的执政党，坚持以马克思主义思想为指导，以问题为导向，在对立中把握统一、在统一中把握对立，加快制度创新、增加制度供给，破解制约生态文明建设的体制障碍，改革生态环境监管体制，进而从体制上为生态文明建设提供保障。加强党对生态文明建设的领导，建立健全自然资源产权制度、自然资源资产用途管理制度、自然资源资产管理体制、排污许可制度、排污总量控制制度、生态补偿制度、区域联防联动等制度，让制度成为刚性约束和不可触碰的高压线。加强党的领导，抓好“关键少数”，依法依规治党，强化制度执行，保证法规制度的执行掷地有声，让生态文明制度体系为生态文明建设保驾护航。坚持把党的制度建设贯穿于生态文明建设的全过程，充分调动各级党组织和广大党员干事创业的积极性，形成以生态文明体制改革促发展的强大合力。现代化生态治理体系的不断健全，现代化生态治理能力的不断提高，生态环境法治的不断完善，反过来又内在要求不断加强党的领导，不断改革创新党的领导方式以适应实践发展需要。

（2）党的领导为生态文明建设提供机制保障。习近平总书记指出：“生态环境问题是利国利民利子孙后代的一项重要工作，决不能说起来重要、喊起来响亮、做起来挂空挡。”生态文明建设能否取得实效，关键在于要落实到实践中去，要脚踏实地、埋头苦干，要以钉钉子精神往深处走，往实处干。加强党的领导，严明生态环境保护责任制度，落实领导干部任期责任制，严格实行党政同责、一岗双责，就能落实各级党委和政府主要领导人作为本行政区域的生态环境保护第一责任人的责任；坚持党的领导，强化领导体制和工作机制，让领导带头落实责任，层层传导压力，逐级承担责任，就能确保各部门真正做到守土有责、守土负责、守土尽责。加强党的领导，全面从严治党，管好治好党员干部，压实干部的工作责任，确保每个人都是生态环境的保护者和建设者。在习近平生态文明思想的正确指引下，各级党委政府就能自觉用唯物辩证法指导工作，牢牢抓住“落实责任不松劲”这个“牛鼻子”，自觉把生态文明建设工作摆在突出位置，更好地运用马克思主义的发展学说在动态中考核管理干部，因时制宜、因地制宜、因人制宜，坚持主客观的辩证统一，以务实求真的态度投身于生态文明建设。

（3）党的领导为生态文明建设提供监督保障。习近平总书记指出：“要深化政治巡视，坚持发现问题、形成震慑不动摇，建立巡视巡察上下联动的监督网。”加强党的领导，形成协调配套的生态文明建设监督约束机制，为生态文明体系提供可靠的监督保障。坚持党的领导，完善政治巡视制度，加强对生态文明建设的巡视与管理，用好中央环境保护督察制度，督察生态文明建设各项政策措施的落实情况，确保中央关于生态文明建设的决策部署落到实处。发挥党的领导优势，不断完善中央和省级环境保护督察体系，促进生态环境保护督察体制改革不断深入，建立可跟踪、可评价、可问责的督察督办制度，完善督察、交办、巡查、约谈、专项督察机制，建立源头预防、事中控制和末端惩处相结合的全过程监管制度。习近平总书记指出，巡视发现问题的目的是解决问题，做好巡视“后半篇文章”关键要在整改上发力。加强党的领导，促使各级党委和政府自觉担负起生态文明建设的主体责任和属地管理职责，督促各级党委政府加大对各级河（湖）长的督察考核力度，促使各级河（湖）长定期开展重点区域、领域、行业专项督察，尤其是对环境问题突出、环境事件频发、环境保护责任落实不力地方的全覆盖督察，坚持对督察中发现的问题严格追责问责，并责成相关部门限期整改，保证生态文明建设要落实到位。

2.4 产业生态化与生态产业化

2.4.1 产业生态化与生态产业化的内涵

产业生态化与生态产业化的含义各有不同，却在生态与经济协同发展的过程中相互联系、互为前提。厘清二者的基本内涵及其相融的实践逻辑，对于推行“生态+产业”的“两化”融合模式有着检视作用和科学指导意义。

产业生态化强调产业应当主动适应生态。广义上，其为产业系统的构建创造新范式，即在一定区域及自然系统承载范围内，对生态要素、经济要素、社会要素等进行耦合优化，以自然生态的有机循环模式为模型，构建产业的生态系统。狭义上，产业生态化就是“既要金山银山，也要绿水青山”，即采用新型绿色技术，对产业进行生态转型或升级，在经济效益最大化的同时将环境压力降至最小，这是一种适应资源节约型、环境友好型社会的健康的产业发展路径。

生态产业化则强调将生态资源市场化，即通过社会化生产、产业经营等方式将生态产品、服务等资源的经济价值变现。生态产业化立足于某特定区域的生态资源禀赋，依靠市场化手段形成各类特色产业，不断推动生态要素向产业要素转换，生态价值向经济价值延伸。

实施产业生态化要求我们在生产中大力推广资源节约型生产技术，建立资源节约型的产业结构体系，减少对环境资源的破坏，倡导绿色环保消费。产业生态思想借鉴的是生态系统中的一体化模式，它不是考虑单一部门与一个过程的物质循环与资源利用效率，而是一种系统地解决产业活动与资源、环境关系的研究视角。

2.4.2 生态产业化和产业生态化的融合性

产业生态化是一种产业发展模式，重点在于通过对各类资源循环利用，在实现产值增加的同时促进生态环境的改善。产业生态化的关键是通过技术创新和管理创新，提高产业产出率，实现用最小的成本获得最大的收益。从表现形式上看，经济生态化就是产业生态化。生态产业化是一种资源转换方式。重点在于盘活现有生态资源，连接第一、第二、第三产业，通过市场化的手段实现生态资源保值增值。生态产业化的关键在于制度创新，只有产权制度明确，才能最大限度地实现生态资源价值化、产业化。从价值实现上看，生态经济化就表现为生态产业化。生态与产业的融合是一个渐进过程。

2.4.3　产业生态化与生态产业化的内容

（1）产业生态化与生态产业化的基本原则。以习近平新时代中国特色社会主义思想和新发展理念为指导，坚持“从实际出发，宜水则水、宜山则山，宜粮则粮、宜农则农，宜工则工、宜商则商”的总体思路，确立黄河流域生态保护和高质量发展中产业生态化转型和生态产业化发展的基本原则。

生态优先、绿色发展是我国建设社会主义现代化国家的基本路径，也是黄河流域产业生态化转型和生态产业化发展的首要原则。全面贯彻落实“绿水青山就是金山银山”的发展理念，着力加强植被恢复、生态保护和环境治理，改善人民群众的物质生活和精神生活，保护传承弘扬黄河原生态文化，使黄河成为永远造福人民的幸福河。合理规划人口、城市和产业发展，按照“一轴两区五极”的空间布局科学划定城镇空间、农业空间、生态空间和生态保护红线、永久基本农田保护红线、城镇开发边界等，提升资源环境的承载能力。

（2）因地制宜，协调发展。黄河流域九省区和上、中、下游的资源禀赋、发展基础和功能分工差异较大。在生态保护和高质量发展中，需要因地制宜，协调好工业化和城市化发展与资源环境承载力之间的关系，根据要素禀赋、自然条件、地理区位和功能分区选择适宜的治理和发展模式，见表 2-1。

表 2-1　不同资源环境和开发利用状况选取的典型生态产业化模式

地域	主要地貌	可利用资源现状	生态产业化模式
福建省南平市	山地	以山为主，森林遍布，兼有河流、湿地	①首创“森林生态银行”模式；②建设湿地公园，发展生态旅游
新疆和田沙漠区	沙漠	90%的荒漠，绿洲仅占3.7%	①大力治理生态，转变治沙方式，科学规划治理；②打造绿色林果基地，建设“沙产业带”
甘肃省庄浪县	黄土高坡	黄土高坡，沟谷纵横，地陡土瘠，植被稀疏，农田水土流失严重	①修建梯田，进行绿化；②建设农业观光园、休闲农庄；③山地梯田化、梯田产业化、沟道坝系化、流域生态化
浙江省余姚市梁弄镇	山地、湿地	地处山区、四明湖饮用水水源保护区，耕地少，地块碎	①全域土地综合整治，村庄“内聚外迁”，农地整理，建设用地复垦，湿地修复，山地生态林维护；②吸引社会各界投资合作；③大力发展红色教育培训、生态旅游、会展、民宿、农家乐等“绿色+红色”产业

地域	主要地貌	可利用资源现状	生态产业化模式
云南省玉溪市抚仙湖径流区	内陆湖	以抚仙湖为主，兼有山地、森林、河流、湿地	①优化农业生产方式，引进种植大户、合作社等新型经营主体，建设生态庄园；②发展高原特色生态观光休闲农业和旅游艺术衍生品制造加工业；③推动第一、第二、第三产业融合发展
陕西省院上镇九顶山	山地	以废弃矿山区为主，兼有丘陵分布，由于不科学地开采矿山导致生态环境脆弱，地质灾害经常发生	①采用市场化机制引进社会资本，采用先进的技术手段修复遭到破坏的生态环境；②在修复成功的基础上，进行开发利用，打造“矿山地质环境综合治理+产业发展”的典范

（3）质量导向，共享发展。以新发展理念为基本遵循，以高质量发展为主要方向，正确把握和处理改善民生、发展经济与保护生态环境之间的关系，推进发展理念、发展目标、发展路径和发展模式全方位转变，实现黄河流域生产、生活、生态的“三生融合”。面向产业生态化和生态产业化的现实需求，加强流域上、中、下游的产业协作和产业互补，积极推进黄河流域的产业、市场和基础设施的一体化发展，形成市场圈层、产业链群和交通网络体系。以数字化转型、融合化升级和生态化发展为动力，建构特色化、有竞争力和创新发展的产业链和产业集群，大力发展以提升和展示黄河文明为核心的文化旅游休闲等服务业，形成现代产业体系。构建黄河流域不同区域之间的多维合作机制，建立生态预警联动和生态补偿机制，实现共享发展。

（4）健全机制，创新发展。黄河流域不同于长江流域，在产业发展中需要优先考虑生态脆弱性和水土保护，需要在严格保护环境中推动产业合理、有序发展，实现生态保护和高质量发展的有机统一。积极探索符合市场规律和未来发展方向的流域产业合作与协同机制、基础设施建设合作与协同机制和资源开发合作机制，统筹推进科技创新和成果转化，培育富有特色、彰显优势、鼓励创新创业的营商环境和产业生态圈，构建跨区域产业转型升级和绿色发展协调机制，通过产业、资源和基础设施的合作和协同发展，带动黄河流域经济社会均衡协调发展。坚持深化市场化改革方向，加快体制机制创新，推动资源自由流动以提高资源配置效率。深入实施创新驱动发展战略，灵活利用新技术、新业态、新模式和新能源，加快黄河流域传统产业生态化和生态产业化进程，实现产业转型升级和高质量发展。

（5）特色引领，融合发展。黄河流域的特色是资源丰足，具有实现差异化发展的基础条件。在生态保护和高质量发展中，上游要突出水源地涵养，中游要突出水土保持，下游要突出环境治理，在保护和治理中实现高质量发展。以区域特色为引领，协同推进经济高质量发展与生态高水平保护的内在协同，以产业生态化转型和生态产业化发展为抓手，真正走出一条富有流域特色和地域特色的生态优先、绿色发展的现代化新路子。加快推动产业融合、城乡融合、产城融合和区域融合进程，促进区域分工协作、优势互补发展和产业协同发展，增强区域之间的错位发展、联动发展和差异化发展的能力，培育以技术、文化、品牌、质量、服务、制度为核心的产业竞争优势，实现新型城镇化与乡村振兴“双轮驱动”，以工业化与信息化“两化融合”推动经济高质量发展。

2.4.4　生态产业化的模式及实现路径

生态产业化实践若想合理有序地开展，需要政府指导与搭建平台，需要外部企业与民众的参与，需要选择适于本地资源条件的生态产业化模式，利用先进的知识、技术进行运营开发，同时强化监督和审计机制，以确保产业化的顺利实施。

（1）以农业为主的生态产业化模式。生态农业的产业化是以生态为约束条件，建立种植业、林业、牧业、渔业以及在此基础上的延伸性产业，形成良性的产业链条，实现生态、农业与经济循环发展的重要目标。在以现代农业为主体的产业化过程中，农业的发展通过以下四个方面加以推进：政府拓宽融资渠道招商引资，积极培育新型的生态农业经营主体，形成“政府+企业+合作社”或“企业+合作社”的运营方式；通过土地流转、技术改造，引导农村种植业走集体化、技术化的绿色种植道路；在户养整合、改建扩充的基础上，建设标准化、规模化、无污染的养殖基地，推广种养一体、种养互补的现代生态农业模式；利用种植和养殖业废物发展生物质能等清洁能源，实现物质循环、资源再生。将本地农副产品根据市场需求进一步深加工，提高农产品附加值，打造具有本土特色的生态产品品牌，构建产销结合、自我供给、生态养护的绿色农业发展模式。以农业为主的生态产业化的模式如图 2-5 所示。

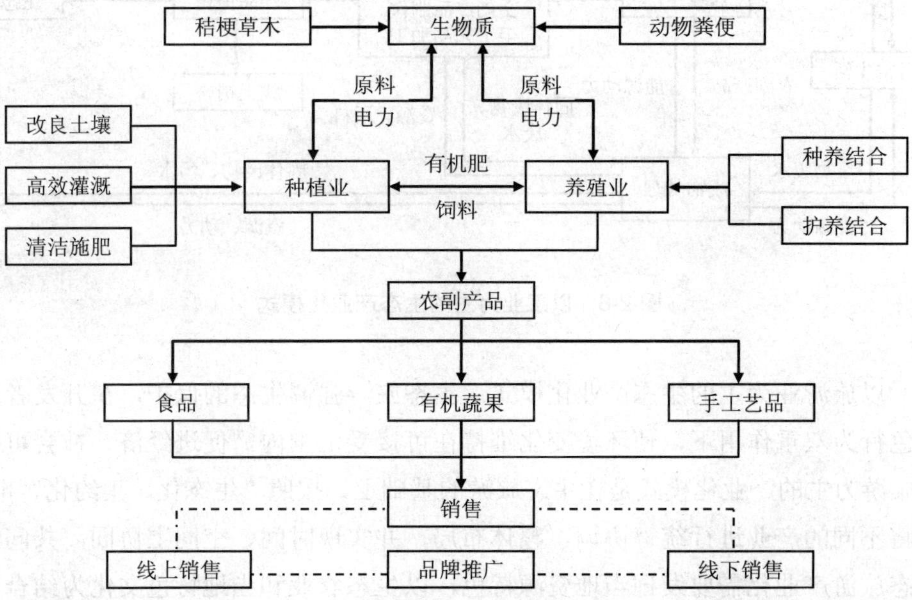

图 2-5　以农业为主的生态产业化模式

（2）以工业为主的生态产业化模式。生态工业是指依据经济生态学原理，运用各种先进的科学技术，建立一种对自然资源充分合理利用和对生态环境无污染或少污染的现代工业生产形式。简单地说，就是能够实现社会经济可持续发展的绿色工业。实现以工业为主的产业化运营则是在生态资源的基础上，将生态工业及相关产业进行规划、融合，形成生态工业产业集群，实现生态和经济的协调发展。根据现有的工业基础，可以将生态的产业化的推进分为两种方式：一是改造原有粗放型工业产业结构和生产模式，使用绿色原材料、引进节能技术、淘汰落后设备，促使原有工业向生态化转型；二是对于工业基础相对薄弱的地区，以农业产品为原料供给端，开展以农副产品深加工为主的制造业，包括蔬果、肉食类加工以及工业品的设计制作等。运用互联网或以当地旅游业为平台，采取线上线下并行的宣传、销售模式，形成完整的工业产业链；依托当地生产生活推广清洁能源，使能源供给具有可持续性；建立废弃物处理系统，通过废弃物处理技术，实现废弃物的二次利用或科学处理，最终形成产业链环节健全、生产过程无污染、物质能源循环利用的绿色产业体系。以工业为主的生态产业化模式如图 2-6 所示。

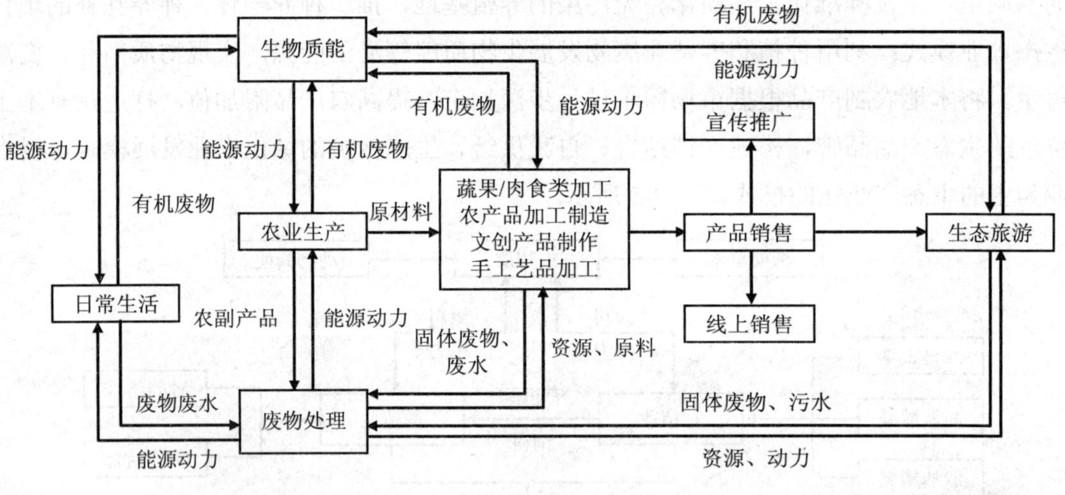

图 2-6　以工业为主的生态产业化模式

（3）以旅游业为主的生态产业化模式。生态旅游强调生态的保护，在开发者和旅游者的绿色行为双重作用下，使环境变化维持在可接受范围内，促进经济、社会可持续发展。以旅游为主的产业化模式是在生态旅游的基础上，按照“生态化、集约化、市场化”的原则将不同的产业进行统筹协调，整体布局，并实现时间、空间上协同，共同发展。推动生态旅游产业化需要发掘当地资源特色，以生态农业和当地特色文化为结合点，延长生态农业产业链，举办文化产业活动，开发乡村旅游产品和服务，促使不同产业相互融合、共存互补。从供给侧发力，通过发展多元化的生态旅游项目，如文创、会展、绿色餐饮等，扩大消费市场，满足游客观光、体验、购物、餐饮、住宿、康养等全方位需求。利用互联网技术建设电商平台，打造“产供销”一体化的以旅游为主的生态产业化模式。以旅游业为主的生态产业化模式见图 2-7。

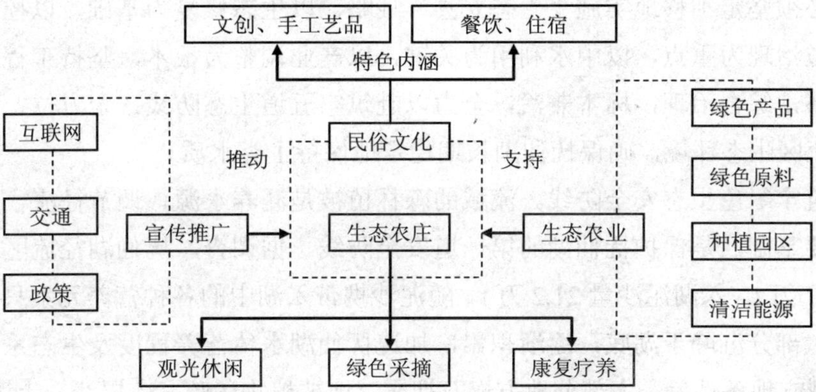

图 2-7　以旅游业为主的生态产业化模式

2.5　生态文明建设实践案例

2.5.1　高原明珠抚仙湖生态文明建设案例

2.5.1.1　背景

抚仙湖是我国最大的深水型淡水湖泊，是珠江源头第一大湖，当湖面海拔高度为 1 723.5 m 时，湖面积为 216.6 km^2，湖水平均深度为 95.2 m，最深处为 158.9 m，蓄水量为 206 亿 m^3，相当于 13 个滇池、7 个太湖、6 个巢湖，占全国淡水湖泊蓄水总量的 9.16%，占国控重点湖泊 I 类水的 91.4%，占云南九大高原湖泊蓄水量的 68.3%，相当于为全国 14 亿人口每人储备了 14.7 t 优质淡水资源，是我国重要的战略备用水源。

为确保抚仙湖长期稳定保持 I 类水质，让这颗高原明珠更加璀璨夺目，云南省澄江市始终把生态文明建设作为全市工作的重中之重，始终把保护抚仙湖作为立市之本、民生之要、发展之基的重要政治任务来抓，把保护抚仙湖作为发展经济的先决条件和首要前提，举全市之力、集全市之智抓好抚仙湖保护治理工作。经过多年持续不断的努力，澄江市生态文明建设和抚仙湖保护治理成效显著，抚仙湖总体保持 I 类水质，被纳入全国首批 8 个生态环境保护试点湖泊，并入选国家重点支持生态良好湖泊名录。澄江市被生态环境部命名为“国家级生态示范县”，被纳入国家重点生态功能区转移支付补助范围。

2.5.1.2 主要思路和措施

抚仙湖是澄江的魂、澄江的根本。保护好这“一泓净水”，让抚仙湖这颗高原明珠永放异彩，必须坚定不移地实施“生态立县”战略，以生态修复为基础，以控源截污为前提，以河道治理为重点，以中水利用为关键，以产业调整为根本，坚持工程措施与非工程措施并举，综合治理，标本兼治，全力以赴筑牢五道生态防线，全方位、立体式保护抚仙湖径流区生态环境，确保抚仙湖长期稳定地保持Ⅰ类水质。

（1）筑牢绿色生态安全防线。流域的森林植被是涵养水源、调节径流、改善抚仙湖水质的重要基础，是保护抚仙湖的第一道安全防线。据调查，抚仙湖径流区全年土壤侵蚀总量 54.7 万 t，入湖泥沙量 21.2 万 t。随泥沙携带入湖中的各种营养元素只有极少量溶于水中，大部分沉降于湖底，逐渐积累，加速抚仙湖水体营养程度及生态系统的变迁。此外，流域立地条件差，大部分地方岩石裸露，地被植物稀疏，土层浅，土壤含水量低，流域内森林覆盖率为 31.68%，比玉溪全市的平均水平（54.2%）低 22.52%，比全省（47.5%）低 15.82%。林地分布幼林多，占林地分布面积的 70%；成熟林少，占林地分布面积的 30%。植被多样性程度较低，原生森林已退化为次生林和灌木，植被的种类组成和结构都表现出明显的次生性。

保护抚仙湖必须从源头抓起，要坚定不移地推进“森林澄江”建设，用足、用活国家退耕还林政策，以抚仙湖近面山、抚仙湖径流区为重点，大面积推广核桃种植，支持和鼓励企业或专业合作社建立核桃产业基地，促进核桃产业向庄园经济发展，着力把核桃产业培育成保护生态环境、促进群众增收致富的特色优势产业。以创建国家级园林城市和“百村示范、千村整治”工程建设为依托，在主要河流堤岸、各级各类道路两侧、城镇周边大力实施绿化造林工程，不断提高森林覆盖率。加强抚仙湖和重要水库、河流、集中式饮用水水源地等主要水源涵养地的水土保持、小流域综合治理，不断提升水保效益。认真贯彻落实《云南省抚仙湖保护条例》，加强对抚仙湖的水资源、土资源、森林资源、野生动植物以及周边自然景观、自然遗产、名木古树的保护，维护抚仙湖的生态系统。抓实抓好森林防火工作，强化各级防火责任落实，健全森林防火体系，抓好火源管理，提高森林防火预防、扑救能力，千方百计保护森林资源安全。

（2）筑牢农业面源污染防线。农业面源污染是抚仙湖的主要污染源之一。根据对抚仙湖污染源的调查，约有 70%的污染来自农业面源污染。澄江市耕地约 19.6 万亩（1 亩≈666.7 m^2），抚仙湖流域约 13.7 万亩（坝区约 7 万亩），多以种植蔬菜为主，耕种过程中大量施用农药和化肥，成为抚仙湖污染物类型氮、磷的主要来源。尽管近年来公布的抚仙湖主要水质指标总氮、总磷的浓度保持稳定，但由于流域及沿湖村庄密集、高污染种植模式一时难以转变，生产生活活动日益频繁，环境保护设施体系建设滞后，农业面源污染点多面广，治理难度较大，加之近年来干旱导致抚仙湖水位持续下降，增加了水生态风险，抚仙湖保护治理形势依然严峻。

解决农业面源污染问题必须着力从农业产业结构调整上做文章。坚持以庄园经济为突破口，不断加大土地流转力度，促进适度规模经营，持续发展以蓝莓、荷藕、大樱桃、核桃、景观苗木等为重点的现代生态休闲观光农业，加快推进基地向适宜区集中，提高产业发展集中度，增强基础示范带动能力，不断提升原料品质和供给能力，着力打造优质蓝莓、大樱桃园区，特色果木林园区，绿色荷藕园区，全面提升现代农业园区的休闲观光功能。大力扶持农业产业化龙头企业，创建发展一批公司+基地+农户+专业合作社+市场的模式，实现产、加、销一体化，农、工、商一条龙的经营体制，促进农业向规模化、特色化、产业化、品牌化方向发展。积极引导农民将高肥、高药的作物改种低肥、低药和高效益的品种，全力推进畜禽养殖污染防治和标准化、规模化、生态化养殖，积极探索荷藕田抗浪鱼养殖，培育具有澄江独特优势的绿色农业品牌，推进传统农业向现代生态休闲观光体验农业转变，引导农民向三产转移。以高西社区南方农业高效节水减排试点为示范带动和推进水权、水价机制改革，在抚仙湖流域探索农田水利工程政府主导、社会参与，大户田间工程自建、自管、自运营和购买专业化服务模式，建立农田水利良性运行机制，着力提高用水保障率和用水效率，转变粗放施肥方式，有效控制和减轻农业面源污染。

（3）筑牢农村生活污染防线。抚仙湖全流域共有 238 个自然村、254 个居民小组，人口约 25.06 万人，其中环湖公路以内村庄人口约 2.7 万人，人口密度达到 1 270 人/km^2。由于距湖较近，由此产生的农村固体废物、生活污水等农村生活污染成为抚仙湖的第二大污染源，约占 30%。此外，部分农村生活污水处理项目建设不规范，存在雨污合流现象，遇雨天水量大，往往造成污水未经处理而直排。

农村生活污染治理是一项面广、量大、长期而艰巨的任务，要从根本上制止与解决。第一是从规划入手，结合各镇、村实际，因地制宜，制定并完善各层次的农村生活污染治理规划，同时加强各类专项项目规划与县、镇、村规划以及农危改、扶贫攻坚、“百村示范、千村整治”等工程项目的有机衔接，分类明确各区域各村的治理模式和排放标准，以规划带动项目，以项目争取资金，将农村生活污染治理工作落到实处。第二是治理。即加快治理污染设施建设，积极推进雨污分流管道和生活污水处理设施建设，将污水处理、中水回用从城市推向广大农村社区，进一步提高污水的收集效率和城乡污水处理厂的负荷水平。加快镇（街道）垃圾中转站和村级垃圾处理设施建设，合理设置村庄垃圾收集点，配备相应的垃圾运输车辆，逐步实现农村生活垃圾日产日清。第三是管理。不断加大宣传力度，提高农民的环保意识，以减少新的污染。严格环境执法，强化环境监管，加大对随意乱排乱倒行为的处罚力度。同时，各行政村以村规民约的自治形式约束村民的不文明行为。进一步建立健全长效机制，切实做到责任、制度、人员、经费四落实，全面解决农村生活污染问题。

（4）筑牢入湖河道截污防线。抚仙湖流域共有 103 条入湖河道，流域内的入湖河流主要集中在北岸，共有 40 条，其流量之和占总入湖径流量的 52.34%。河道流经多个村庄，主要河流中仅梁王河为Ⅰ类，尖山河、东大河为Ⅳ类，其余水质均为Ⅴ类以下。

治湖必先治河，要进一步强化河（段）长责任制，实行各河道分段监控管理、考核、问责，压实领导责任、层级责任、属地责任和主体责任，确保河道监管责任到位、人员到位、工作到位。积极推动河（段）长责任制逐步向更深层次发展和铺开，加快构筑政府负责、企业为主体、社会参与的环保格局，实现河道常态化、制度化、规范化管理。加大入湖河道综合整治力度，着力实施河道清淤、河岸绿化和生态河床治理等工程建设，巩固提升入湖河道水质。同步推进环湖截污与生态调蓄带建设工程，充分发挥调蓄带调蓄截污、净化水质和维护生态平衡的作用，确保不让一滴污水进入抚仙湖。

（5）筑牢北岸湿地末端防线。抚仙湖北岸地处澄江县城边，流域人口 10 余万人，人口密度大，农田多污染负荷较重，所产生的污染负荷占抚仙湖径流区污染总量的 70%。可见，抚仙湖北岸的治理对整个抚仙湖的保护有重大影响。加之湿地建设项目资金缺口较大，抚仙湖北岸万亩湿地仅完成一期 477 户、1 498 人的搬迁安置及 631 亩湿地建设，要最大限度地发挥好北岸湿地功能，仍然面临约 1.2 万亩湿地建设和 19 个村庄 1.3 万人和 16 家企事业单位搬迁安置的严峻挑战。

为从根本上改变抚仙湖北岸污染严重影响抚仙湖水质的情况，彻底截住北岸流域内 10 余万人的生产生活污水，必须坚定不移地实施“四退三还”，筑牢北岸生态湿地末端治理的最后一道屏障。要紧紧围绕打造国内一流、世界知名的万亩生态湿地目标，扎实推进项目一期搬迁安置工作，确保搬迁安置工作如期完成。目前，抚仙湖北岸生态湿地已获批国家湿地，通过把北岸湿地建设与城镇化有机融合，对沿湖群众逐步搬迁进城，削减沿湖农业种植的面源污染和沿湖人口造成的生活污染，大幅降低抚仙湖污染负荷。

2.5.1.3 生态保护建设启示

澄江正处于转变经济发展方式和调整结构的关键阶段，处于加快城镇化发展、建设高原湖滨生态旅游城市的重要阶段，处于为全面建成小康社会打基础、推动跨越发展的决定性阶段。面对人民群众对美好生活的新期待，面对得天独厚的自然资源优势和良好的生态环境，以及一旦破坏不可逆转的环保压力，澄江市必须走经济社会发展与生态环境保护共赢之路。必须牢固树立保护生态环境就是保护生产力、改善生态环境就是发展生产力的理念，始终把建设生态文明、保护生态环境放在突出位置，在绿色发展、协调发展、创新发展、开放发展、共享发展上着力，以系统思维统筹发力，坚持在发展中保护、在保护中发展，构筑生态、生产、生活与社会和谐发展新格局，统筹推进澄江生态文明建设和抚仙湖的保护治理。要认真学习和贯彻落实习近平总书记关于生态文明建设的一系列重要论述，坚持开发与保护并重，污染防治和生态修复并举，生物、工程、技术等多种措施协同发力，努力形成生态环境工作的整体效应，增强生态竞争力。

2.5.2 生态产业化建设案例

2.5.2.1 背景

云南省拥有生态文明建设得天独厚的条件和十分广阔的前景，发展生物产业是云南省的特色和优势，也是云南省以“产业生态化”推进生态文明建设的首要选择。加快生物产业发展是云南省生态文明建设的必然要求，要紧紧抓住国家实施“生物经济强国”和西部大开发的重大机遇，围绕把云南省建成绿色经济强省的战略目标，实施“生物经济强省”战略。加快生物产业发展，对转变经济发展方式，培育特色经济和支柱产业，加快新型工业化进程，建设生态文明，统筹城乡发展，推进现代农业等，都起到基础性、先导性和关键性作用，对生态文明建设排头兵和面向南亚、东南亚辐射中心的建设具有重要而深远的现实意义。

2.5.2.2 主要思路和措施

（1）顶层设计战略规划。生物产业是极具影响力的一项战略性新兴产业，国务院下发《生物产业发展规划》明确，到2020年把生物产业发展成为国民经济支柱产业，并把昆明列为第三批国家生物产业基地。《云南省生物产业发展规划（2009—2015）》对发展生物产业所作的总体部署，生物产业处在快速发展阶段。从提出和实施“绿色经济强省”到“生态立省”和“争当生态文明建设排头兵”，全省各地努力工作，积累了党政主导推动、重大项目拉动、落脚民生关注等成功经验，探索了“七彩云南保护行动”“森林云南”“生态示范区”等成功模式。新的时代发展趋势要求云南省必须更坚定有效地推进生态文明建设，尤其需要强调“生态经济利导”。培育壮大生物产业是云南省生态文明建设的重大战略，打造生物经济发展新的里程碑。为加快发展生物产业，云南省生物产业发展整体设计，坚持在开发中保护，在保护中开发，沿着特色化、规模化、集约化、标准化、产业化、国际化的发展道路，全面推进以烟草、畜牧、蔬菜、茶叶、薯类、生物药、蔗糖、花卉、木本油料、橡胶、水果、木竹加工及林浆纸为重点的12类优势生物产业发展，争取把云南省建成全国重要的生物产业基地。

在发展思路上，根据国内外生物产业发展现状和趋势，面向食品、健康、能源等领域的重大需求，按照“围绕一个目标，明确三个定位，发展五大行业，培育三大支柱，实施五大战略，打造十大产业链，重点推进 100 个重大项目”的思路，以工业化理念谋划生物产业发展，改造提升传统生物产业，加快发展现代生物产业，实现生物产业由低度开发向深度加工、传统生产向现代经营的根本转变，实现生物产业跨越式发展，为全省经济社会又好又快发展提供强力支撑。

（2）找准产业发展关键。生物产业能够得到良好发展，最重要的一点是找准产业发展的关键。为此，云南省确立了生物医药、生物农业、生物制造、生物能源和生物服务五大行业为重点发展的生物产业，实施科技支撑战略、重点产业发展战略、产业龙头培育战略、重大产业项目推进战略和产业基地打造战略五大战略，发挥云南省特有的资源优势，推动茶叶、三七、畜产品、植物油、薯类、橡胶、糖制品、花卉、蔬菜、林浆纸十大产业链的延长和加宽，提高产业化水平，并且以基础条件较好、技术条件成熟、产业关联度高的生物医药、木本油料、生物制造三个产业为切入点，集中力量进行重点突破，尽快形成产业优势和局部强势使之成为云南省新的重要支柱产业。

在目标定位上，确立了云南省生物产业的发展目标，依托资源优势，把生物产业建设成为云南省增长速度快、质量效益好、带动效应强的支柱产业，成为全国重要、世界知名的生物产业基地。并进一步明确了定位：以生物多样性保护和可持续利用中药及民族药为特色，努力将云南省建设成为产业特色鲜明、创新能力强、集聚程度高的天然药物产业基地；以优势特色农产品深加工、绿色健康食品生产为切入点和突破口，努力将云南省建设成为全国重要的木本油料、绿色健康食品的生产和出口基地。

（3）充分发挥优势潜力。云南是生物资源得天独厚、科技力量较强的省份。云南省围绕“巩固提高烟、糖、茶、胶等传统产业，大力发展畜牧、果蔬、马铃薯、花卉、食用菌、咖啡、中药材、特色经济林等优势产业”的总体要求，生物产业呈现出增长速度快、发展势头好的喜人局面。生物产业要抓好原料基地建设、品牌培育和市场开拓，建设我国重要的生物产业基地。云南生物产业企业和产品具备较突出的竞争优势和特色，全省已基本形成以烟、糖、茶、胶、畜、林和天然药物、绿色保健食品、花卉园艺、生物化工等为主的生物产业格局，生物产业已成为全省发展最快的支柱产业。

（4）全面推进相关工作。为了促进生物产业快速发展，云南省出台了一系列的政策和规划，全面部署了生物产业发展的相关工作，包括建立加快生物产业发展的协调和管理机制，着力推进原料基地建设，提升规模化、标准化水平；实施人才发展战略，营造吸引人才集聚的政策环境，树立人才资源是第一资源的观念，构筑生物产业发展的人才高地；多渠道加大资金投入，着力加强科技创新，增强生物科技支撑能力，着力创新投融资机制，努力破解生物产业发展资金难题；整合相关资源，形成推进生物产业发展合力，着力发展壮大龙头企业；着力加大国内外市场开拓力度，建立覆盖广泛、便捷高效的流通网络；深入贯彻落实相关政策，建立有利于生物产业发展的良好环境；着力扩大开放合作，创造云南省对外贸易和招商引资的新亮点；完善产业链条，实施绿色控制，带动云南省产业绿色发展。

2.5.2.3　生态产业化建设启示

生态文明不是空中楼阁，必须有相应的经济基础作支撑，就是要以产业的调整和发展来支撑和推动文明形态的转变。生态文明本身也是一种产业业态，这就需要形成相应的产业体系形态。生物产业不但可以直接为生态文明建设提供资金支持，它本身还可以成为体量可观、地位显著、影响重大的生态文明区域主体。更为重要的是，生物产业的生态化发展及其外溢，还可以推动形成生态文明的产业体系形态。从云南省的产业转型的进程看，尽管目前已经有生物产业快速发展的苗头，在很多州、市产生了经济基础的变化，但这种产业形态的新动向还没有形成系统化，产业体系推动文明形态发生基础性变化的宏大动力还未形成，亟须构建云南省生态文明建设的产业支撑。云南省生物产业虽然具备了一定的基础和优势，但发展中仍然存在企业规模小、品牌产品不多、企业未能成为技术创新主体、产业“工程化”环节薄弱等突出问题。要站在全省一体、统筹发展的高度，避免地区之间的恶性竞争，充分发挥各地优势，以生物产业为基础，构建起云南省生态文明产业体系形态。

思考题

1. 简述我国进行生态文明建设的基础有哪些。
2. 我国生态文明建设过程中还存在哪些“瓶颈”？
3. 如何理解并推进产业生态化？以云南有色行业为例。
4. 如何理解生态产业化？以云南的绿色发展为例。
5. 简述生态产业化的模式及实现路径。

第二篇

环境低碳技术基础

第 3 章　农业与环境低碳技术

3.1　低碳农业概述

3.1.1　低碳农业的提出背景

农业作为国民经济的基础，对于农民增收和农村生态安全具有至关重要的作用。而农地利用失宜、结构变化是碳排放产生的重要来源。反之，合理地开发利用农业生产能够发挥巨大的碳减排潜力。碳减排目标的实现不仅要靠工业部门的节能减排，还要充分挖掘农地利用过程和农业生产活动中的减排增汇功能。

土壤本身就是一个巨大的碳库。土壤圈是地球岩石圈、大气圈、水圈和生物圈交界的一个圈层，它不仅是人类赖以生存的自然资源和人类与生物生活栖息的基地，而且是生态系统中生物与环境间进行物质、能量交换的枢纽。在全球气候变化尤其在全球碳循环中，土壤圈是碳素的重要储存库和转化器。土壤呼吸使大量的有机碳以 CO_2 形式释放到大气中。土壤呼吸的微量变化会导致大气中 CO_2 浓度的显著变化，从而影响由于 CO_2 浓度升高所伴随的全球变暖和其他气候因素的变化。联合国粮食及农业组织（FAO）在 COP 26 气候峰会中发布报告称，过去 30 年，全球农业和粮食生产产生的温室气体排放量增加了 17%，而在 2019 年，全球人为排放量为 540 亿 t 二氧化碳当量，其中 170 亿 t 二氧化碳当量，即 31%来自农粮系统。

农业生产是温室气体的重要排放源。人类在从事农业生产活动过程中，对土地利用变化已引起各类生态系统明显变化，如毁林开荒、草场退化、土地沙化等森林和草场破坏所引起的大气 CO_2 浓度变化，也是大气中碳含量增加的重要来源。化肥、农药、农用薄膜的使用不当会加剧温室效应，影响农业的生态环境。畜牧业的发展也会加剧温室效应，动物养殖特别是反刍动物的肠道发酵造成大量的甲烷排放。农业生产资料（如化肥、农药、农用薄膜等）的生产、农业机械的生产和使用、农产品的加工与运输等都要消耗大量的能源，排放大量的 CO_2（图 3-1）。

图 3-1 农业温室气体排放

为了应对气候变化，农业也面临减少温室气体排放、固碳、节能的压力。同时，农业本质上是依赖太阳辐射、土地、大气和水等来自自然的初级资源的生物学转化的生产过程。可见农业具备碳汇和碳源（排放）双重特征，如果能充分利用农业碳汇功能，尽可能降低其碳排放功能，发展低碳农业就更具有丰富的内容，也更能展现诱人的前景。在这种背景下发展低碳农业就成为必然。

3.1.2 低碳农业的内涵

低碳农业可定义为较少或更少地向大气排放 CO_2 等温室气体的农事活动或农业生产，是生物多样性农业。有专家指出，低碳农业是指以减少大气温室气体含量为目标，以减少碳排放量、增加碳汇和适应变化技术为手段，通过加强基础设施建设、调整产业结构、提高土壤有机质、做好虫害防治、发展农村可再生能源等农业生产和农民生活方式转变，实现高效率、低能耗、低排放、高碳汇的农业。

总体来说，低碳农业是在农业发展过程中增加农业碳汇量，减少农业碳排放量，应用先进技术，造就良性农业生态环境，实现高效、低碳、绿色的现代农业。

3.1.3 低碳农业的特点

（1）低碳农业是将“高能耗、高排放、高污染”的发展方式转变为“低能耗、低排放、低污染、高碳汇”的发展方式，保护了生态环境，增加了农业碳汇量，是一种环境友好型农业。

（2）低碳农业是利用低碳高新技术，使农业生产实现低消耗、低投入、高效益，是一种资源节约型可持续发展农业。

（3）低碳农业是在发展过程中将产前、产中、产后的高碳排放等不利因素消除到最低水平，保障了农副产品的质量和安全，是一种安全型农业。

3.1.4　农业碳排放来源分析

对于耕作环节，农田耕作方式（免耕还是翻耕）、种植方式（连作还是轮作）以及播收过程农用机械的使用等都会产生碳排放。从耕作方式看，土壤本身是巨大的碳库，翻耕会破坏土壤团粒结构的稳定性，加快土壤有机碳的分解，加大土壤向大气中排放 CO_2 的数量。中国农业大学农学与生物技术学院的研究表明，每翻耕 1 hm^2 的土地可以释放 312.6 kg 的碳排量，比免耕方式可以增加 27%～29%的 CH_4 排放。从种植方式看，无论是连作还是轮作都有利于土壤固碳，但轮作固碳的效果是强于连作的。基于黄土高原旱地土层研究表明，与其他土层相比，苜蓿-玉米-小麦连作或是豌豆-小麦-豆禾轮作可使土层有机碳提高 47%～139%，长期苜蓿连作对于旱地而言是较为有效的土壤固碳措施。农用机械绝大部分以柴油为动力，柴油燃烧也会产生温室气体。

碳排放也会在灌溉环节产生。农田灌溉会从灌溉方式（如漫灌、滴灌、微灌等）、灌溉水量、灌溉时间、灌溉次数和灌溉能耗等多个方面影响碳排量。就灌溉方式而言，漫灌比滴灌等节水灌溉方式能更快地促进化肥分解，经过土壤的硝化和反硝化作用，释放更多的温室气体。就灌溉时差和灌溉水量而言，同一稻田长时间淹灌释放的 CH_4 和 N_2O 比间歇灌溉多 68%和 59%。而在灌溉水量不变时，灌溉次数越多，土壤呼吸越频繁，释放的 CO_2 也越多。就灌溉能耗而言，灌溉耗电也是碳源产生之一，用电燃煤也会导致温室气体的排放。

化肥施用是 N_2O 的直接来源，这主要与氮肥中的氮元素有关。化肥施入农田分解后，会以有机氮或无机氮形态的铵盐或硝酸盐形式存在，在土壤硝化与反硝化细菌的作用下，使各种无机氮化合物变成亚硝酸盐，同时转化成 N_2O 等氮氧化物进入大气。石灰能够降低土壤酸性，促进作物生长，但是碳酸盐和重碳酸盐的溶解和释放过程会伴随大量的碳排放。尿素分解过程也会伴随大量碳损失。据测算，每生产 1 t 氮肥，可以排放 13.5 t CO_2 当量的温室气体，包括肥料生产过程、运输过程与氮肥施入土壤后产生的水解、硝化与反硝化过程中产生的 CO_2、N_2O 与 CH_4 等。另外，化肥种类不同，碳排能力也不同。1 t 磷肥和钾肥的碳排系数分别为 636 kg 和 180 kg 标准碳。另外，不合理的施肥、过量施肥不仅会降低肥料的利用率、增加生产成本，也会导致更多温室气体的排放。秸秆处理方式不同，碳排放量也不同。秸秆燃烧显著污染大气，增多碳排放。根据环境保护部卫星遥感监测的露天焚烧数据测算，2015 年我国秸秆焚烧量约为 8 110 万 t，碳排总量约为 3 450 万 t。随着农作物种植面积的不断增加，秸秆的数量也在稳步上升，2022 年，我国秸秆理论资源量为 9.77 亿 t，其中稻草为 2.2 亿 t，麦秆为 1.75 亿 t，玉米秆为 3.4 亿 t。

我国秸秆产量巨大，这为秸秆综合利用提供了充足的原材料市场，也为秸秆综合利用产业提供了广阔的发展空间。此外，秸秆还田可以增加土壤有机质，提供土壤固碳能力。有学者研究了小麦间作玉米在留茬少耕、免耕秸秆覆盖和秸秆清收三种不同的秸秆处理方式下的碳排放，结果表明，免耕秸秆覆盖方式土壤呼吸碳排量最少，可减少12.4%的碳排量。研究也发现，免耕秸秆还田可以降低次年土壤碳排量，在“一膜两用”条件下，小麦留茬和小麦秸秆还田的碳排量降幅可达9.2%和10.1%。

3.2 低碳农业理论基础

3.2.1 低碳农业相关理论

作为一种现代农业模式，低碳农业需要经济发展理论支撑。生态经济理论、绿色经济理论、低碳经济理论、循环经济理论、可持续发展理论5种理论都是随着工业化的发展，环境污染日趋严重，人口发展增多，而自然资源却日益短缺，人口、资源、环境的矛盾越来越突出，为解决这些问题相继发展起来的经济理论和经济发展模式。低碳农业是生态经济、绿色经济、低碳经济、循环经济、可持续发展5种经济发展模式在农业领域的具体应用和综合表现形式，以及融合5种经济发展模式为一体的有机集合体。因此，这些经济发展理论可理解为绿色低碳循环农业发展的理论基础。

（1）生态经济学是研究社会再生产过程中，经济系统与生态系统之间物质循环能量转化和增殖规律及应用的科学。简单地说，就是人与自然和谐相处的问题。一般认为，生态经济是指在生态系统承载能力范围内，运用生态经济学原理和系统工程方法改变生产和消费方式，挖掘一切可以利用的资源潜力，发展一些经济发达、生态高效的产业，建设体制合理、社会和谐的文化以及生态健康、景观适宜的环境。

生态经济是由生态系统与经济系统内在统一、有机组合、融为一体的生态、经济、社会复合系统。在系统内相互联系、相互作用、相互依托、相互制约，进行物质代谢、能量转换、信息反馈，具有生产、生活、供给、接纳、控制和缓冲功能。系统与外部环境也相互协调，良性循环。生态经济学研究的核心是生态（环境）、经济、社会三者或子系统的协调与可持续发展。研究的目的是建设一个生产发展、生活富裕、人民健康、生态良好的以资源、环境承载力为基础的可持续发展和谐社会。生态经济涵盖工业生态经济和农业生态经济，农业生态经济发展包括农业的绿色、低碳、循环的路径和模式，绿色低碳循环农业同样追求生态环境良性循环与农业内部的良性循环，两者发展理论一脉相承，终极目标都是实现人类社会的可持续发展。为此生态经济是绿色低碳循环农业发展的理论依据之一。

（2）绿色经济是以绿色为象征和目标，它是集经济发展过程中节约、低碳、循环、生态保护为一体的系统工程，实行绿色生产、绿色加工、绿色销售、绿色消费、绿色发展、绿色环境，是实现可持续发展的一种经济形态。绿色与经济的互相促进和互相作用，一方面表现为经济的绿色化，现代经济活动与发展过程中，向绿色环境领域全方位地渗透与融合；另一方面表现为现代绿色环境变迁与发展过程中，向经济生活领域全方位地渗透与融合，使绿色环境现象中经济含量日渐明显，形成广泛的绿色经济化现象。

农业生产是自然再生产和经济再生产相互交织的过程，是最基础的绿色产业。任何作物或动物与外界环境都有密切的关系，都受自然规律的制约，所以农业生产作为自然再生产过程，要受自然规律的支配。农业生产作为经济再生产过程，又必然受经济规律的制约。只有把自然规律和经济规律结合运用，农业绿色系统才能正常运转，才能有利于农业的发展。

（3）低碳经济是人类社会在工业、农业生产和产品运输销售过程中，依靠高新技术，减少能耗，提高能效，降低 CO_2 排放量，保护生态环境，实现经济效益、生态效益、社会效益高效统一的一种经济发展形态。在生活过程中，绿色居住、绿色消费，建立人与自然和谐相处的新型和谐社会。

低碳农业经济的产生与发展是低碳经济理论在农业经济与农业生产领域具体应用的结果。用系统观点看，低碳经济是一个大系统，低碳农业经济或低碳农业就是低碳经济系统的一个子系统。绿色低碳循环农业其中一个重要内容就是低碳农业生产，它与低碳经济追求减少能耗，提高能效，降低 CO_2 排放量，保护生态环境，实现经济效益、生态效益、社会效益高效统一，可以说是如出一辙。因此，低碳经济理论为绿色低碳循环农业发展提供了重要理论基础。

（4）循环经济是一个物质闭环流动型经济系统，在物质循环过程中，使经济活动生态化，因而其本质是一种生态经济系统，它倡导的是一种经济与环境和谐发展的经济模式。在物质反复循环的过程中，通过“排除废物”到“净化废物”，再到“利用废物”，最终达到“最佳生产，最适消费，最少废弃，最佳效益”，实现可持续发展。

在自然生态系统中存在生产者（绿色植物）、分解者（微生物）、消费者（动物），这三者之间密切关联，相互作用，形成一个系统整体。植物（生产者）利用太阳能制造大量有机体提供动物（消费者）食用；分解者吸收和分解植物、动物的残腐尸体，使之还原成为无机养分，重新为植物所吸收。这样在自然生态系统中，通过植物（生产者）、动物（消费者）、微生物（分解者），把无机界和有机界连接成一个有机整体，构成一个生生不息、循环不断的能量和物质流的系统。循环经济正是借鉴这一原理应用于经济活动过程中。区域发展与社会经济运行同样具有“生产者、消费者、分解者”三大功能。一个健康、和谐、平衡发展的区域经济，应当能对上述三大功能实施综合协调、有机配置、流畅循环运行，形成一种高效率，省物料，满足需求，维系良性生态环境的区域经济发展模式。

农业循环经济是循环经济理论的应用形式之一。它将循环经济的基本思想持续应用于农业生产过程、产品设计和服务中，以物质能量梯次和闭路循环使用为特征，把农业清洁生产、资源综合利用、生态设计和可持续发展等融为一体，在其生产过程中尽可能地减少农业资源、物质的投入量，增加物质在农业系统中的循环再生利用和能量多级使用，使其得到更好、更多的农产品，在环境方面表现为污染低排放甚至零排放。循环农业可以看作农业循环经济的具体载体和实践形式，具体把循环经济理论应用于农业系统，在农业生产过程中和产品生命周期中尽量减少资源、物质的投入量，减少废物的产生量和排放量，实现农业生产的经济、生态、社会高效统一，农业的可持续发展。低碳循环农业的一个重要内容也是资源营销利用最大化，废物排放最小化，因此，不论从理论和内容上循环经济理论均为低碳循环农业发展提供了重要理论基础。

（5）可持续发展理论（sustainable development theory）是由世界环境与发展委员会（WCED）于 1987 年正式提出，倡导实现既满足当代人的需要，又不对后代人满足其需要的能力构成危害的发展。可持续发展理论的核心是发展，但是追求资源环境、科学技术、人口（控制人口数量、提高人口素质）、经济与社会的协调发展，强调人类可持续长久（sustainable and long-term）的发展能力。可持续发展是人口、经济、社会和生态四大方面的持续性发展，人类经济和社会的发展不能超越生态承载力。可持续发展既注重人与自然的协调共生，又强调人与人之间的公平正义，同代人中一部分人的发展不应建立在损害他人利益的基础上。当代人的消费与发展不能损害后代人的生存发展机会。

可持续发展是一个系统有机整体，是由人口—自然—经济—社会子系统组织的复合大系统。在构成要素上，它不是单一要素的机械组合，而是由诸多要素互相联系、互相作用、互相制约、全方位协调的有机整体。在时间上，它不是一时的短期行为和当代人的需求，而是长久永恒的行为和子孙后代发展的需求。在空间上，它不是个别的、局部的一个区域的可持续发展问题，而是全面的若干区域和全球的可持续发展问题。它是一个以人为本的，能动地协调人口与资源、环境系统内诸多要素，使人类在不超越资源与环境承载力的条件下，生活质量不断提高的大系统。它追求发展的可持续性，即发展对现代人和未来人需求的持续满足，实现现代人类与未来人类利益的统一；它追求发展的可协调性，即经济与人口发展必须限定在资源、环境的承载力之内，实现全球性人口与资源、环境、经济、社会的协调发展。具有以下特点：

①可持续促进经济的健康发展，不仅鼓励经济数量的增长，而且注重改善质量、提高效益、节约资源、防止污染，改变传统粗放型生产和消费模式，实现清洁生产和适度的文明消费。

②可持续发展系统要以保护自然为基础，人口与资源、环境的承载力相协调。发展要保护环境，保护生物多样性，保持全球生态的良性循环，使人类的发展保持在地球承载力之内。

③可持续发展系统要以改善和提高人口综合素质为本，使其具有较高的文化素养、健康的体魄、良好的道德修养。只有高素质的人口群体才能协调人类与自然的关系，促进人类的进步和文明。

可持续发展理论是以实现人类可持续发展为宗旨，追求人与自然和谐发展，经济效益、社会效益、生态效益统一，文明消费、生产集约经营。可持续农业以高产、优质、高效、低耗为宗旨，满足当代人和后代人对食物需求的现代集约型农业。低碳循环农业也是在可持续发展背景下提出与发展的，其最终目的与可持续发展和可持续农业的宗旨完全一致，为此，可持续发展理论为低碳循环农业发展提供了理论基础。

3.2.2 经济理论与低碳农业的关系

生态经济是以生态与经济协同发展为特征的经济模式。绿色经济是以绿色包容性发展内涵为特征的经济模式。低碳经济是以低能耗发展内涵为特征的经济模式。循环经济是以资源低消耗发展与资源循环利用内涵为特征的经济模式。可持续发展是以自然资源可持续利用和人类社会可持续发展为主要特征的发展模式。5 种发展形态的具体综合表现形式，是融 5 种发展形态为一体的有机集合体。5 种发展形态的理论基础为发展绿色低碳循环农业提供了理论依据，应用技术为发展绿色低碳循环农业提供了技术支撑，发展目标具有相同性。因此，从本质上讲它们一脉相承，都是为实现人类社会可持续发展的战略举措和运行模式（图 3-2）。

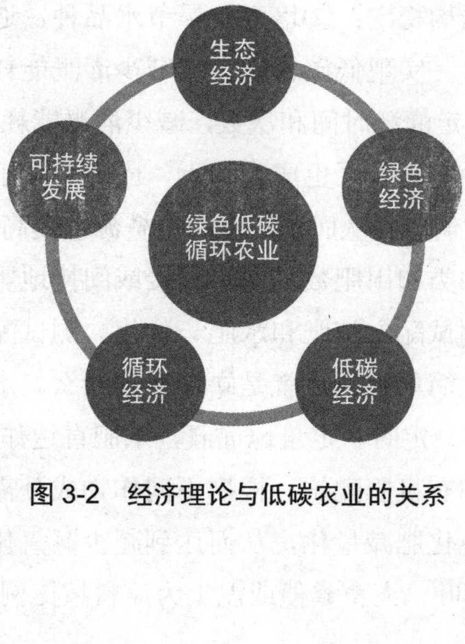

图 3-2 经济理论与低碳农业的关系

3.2.3 低碳农业技术

农业农村减排固碳是实现碳达峰碳中和的重要措施，也是潜力所在。加快科学实用技术模式推广应用，是当前推进农业农村减排固碳的关键。我们将低碳农业技术分为低碳耕作技术、低碳灌溉技术、低碳用肥技术、低碳用药技术、低碳用膜技术、低碳用秆技术、低碳养殖技术、林草保护技术这几个方面。

（1）不同的种植技术、耕作方式和耕作机械的使用都会引发碳排放，因此，对应的低碳耕作技术可以包括：①保护性耕作技术。通过少耕、免耕、地表覆盖、合理种植等配套措施，减少风化侵蚀并增加土壤有机质，获得生态、经济和社会协调发展的可持续性生产技术，具体包括垄作少耕、免耕、覆盖耕作、配套沙化草地恢复和农田防护林建设。保护性耕作技术的核心是免耕，免耕一方面可以减少耕作机械燃油消耗所引起的 CO_2 直接排放，另一方面可以增加土壤表层容重，减少有机质分解，增强固碳效果。保护性耕作的固碳减排潜力大于常规耕作。②轮作、间作、套作等种植方式。轮间套作有利于保持土壤营养成分平衡、充分利用空间、节约土地资源、防御循环式病虫害、调节有机质含量、稳产增收和固碳减排。③节能高效的耕作机械。节能高效耕作农机包括深松农机、浅松除草农机。推广应用节能农机可有效地减少化石能源投入和人工投入，保证生产效率，同时降低碳排放。

（2）不同的灌溉方式和灌溉用水量对土壤的呼吸固碳、排碳的影响作用较为复杂，应该结合不同品种的农作物采取适宜的灌溉技术。总体而言，膜下滴灌、喷灌、沟灌等比漫灌的土壤固碳效果好。灌溉频率越多、时间越长、耗电量越多，碳排放越多。因此，低碳灌溉技术包括以下几种：①节水灌溉，应用膜下滴灌、喷灌、膜侧沟灌等，提高水资源利用效率，保护土壤结构稳定；②培育抗旱节水品种，通过基因改造，培育抗旱节水农作物，减少水资源投入，实现低碳目标；③减少灌溉能耗，通过建立合理的灌溉制度，比如制定灌溉定额、限定灌溉时间和次数，减少灌溉能耗，尽量使用节能灌溉机器。近年来，结合电子技术推动变频水泵也成为热点，应用变频水泵进行灌溉，根据实际情况，对灌溉水流量进行科学调节，从而节约水、电资源，提高生产效益，降低环境风险。

（3）用肥方式、用肥种类和用肥数量都会直接或间接地影响农地碳排，因此低碳用肥技术包括：①推广应用测试配方施肥和水肥一体化。测试配方施肥是根据土壤营养元素含量状况实现精准施肥，简单地说，就是缺什么补什么。水肥一体化是将肥液与灌溉用水一起加入滴灌带，均匀、定时、定量地灌溉，水肥直达作物根系，起到节水、节肥、增产、减碳功效。②化肥和有机肥配施。根据不同作物成分需求，选择化肥与有机肥配施，增加有机肥用量，实现化肥减量化，从而达到减少氮氧化物等温室气体排放。有机肥可以是堆肥（以秸秆、落叶、人畜粪便或泥土为原料按比例混合发酵腐熟而成）、厩肥

（家畜粪尿和垫圈材料、饲料残渣混合堆积并经微生物作用而成的肥料）、沼气肥（沼气发酵后的残留物）、豆科绿肥（以紫云英、蚕豆等豆科类植物为主）、饼肥（如菜籽饼、棉籽饼、豆饼等）、泥肥（如没有污染的塘泥、湖泥、河泥等）或商品有机肥。

（4）低碳用药技术就是在保证农作物产量和治虫效果的前提下，通过各种手段、方式减少高残留农药的使用。具体做法包括：①病虫害物理防治技术。引进害虫的天敌，以虫治虫。②采用生物农药。生物农药非化学合成，而是利用真菌、细菌、昆虫病毒或转基因生物等抑制或灭杀农业害虫。其最大的优点就是对自然生态环境安全，无污染、低毒、无残留、持效时间长。③规范用药操作。科学合理地使用农药，按说明书勾兑比例进行配药，不肆意增量施用。根据不同的虫害，选择恰当的时间喷药，如防治棉铃虫、水稻螟虫等最好的防治期是卵块孵化顶峰期。

（5）农膜分解释放温室气体，但是采取正确回收方式或与其他耕作技术结合能提升土壤固碳能力，因此，低碳用膜技术包括：①地膜循环使用（或称一膜两用）。一膜两用是收割秸秆后不揭膜、不翻耕，第二年播种时，直接在前茬间隙扎眼播种。节省翻耕、收旧膜、铺新膜等工作，减少农膜投入，减少污染和碳排放。②光、生物可降解地膜（又称双降解地膜）。通过光或微生物作用实现地膜降解，减少塑料对土壤的污染，减少碳排放。③地膜膜盖与免耕、滴灌、垄作、施肥等技术结合，共同作用，以综合增加土壤固碳效果。

除此之外，覆膜栽培技术也值得广泛应用。此技术指的是在稻田中开沟起厢，塑料膜覆盖在厢面上，然后在塑料膜上打孔移栽水稻。灌溉时确保厢面无水，沟内有水，保持土壤湿润。减排原理包括：①增加农膜覆盖度可以有效增加土壤表层温度并维持最佳的土壤湿度，从而增加土壤中微生物的生物含碳量，进而使土壤中微生物活性增强，并加大与产甲烷菌竞争消耗土壤残留物的能力与效率，减少 CH_4 的产生和释放。②覆膜栽培技术能增加 CH_4 在土壤中的存留时间，使 CH_4 被各类反应消耗，从而降低排放。③可在非稻田生育季节最大限度地将淹水稻田排干，可以有效减少稻田中 CH_4 的排放。

（6）农作物利用光合作用固定的碳会通过燃烧释放到大气中，因此，焚烧秸秆直接导致碳排放增多，而相应的低碳用秆技术是秸秆资源化利用，具体包括以下几种：①秸秆能源化，用秸秆产沼气、秸秆炭化、秸秆发电；②秸秆饲料化，借助一定量的化学试剂或以乳酸菌为主的微生物作用使秸秆发酵，软化秸秆粗纤维，提高饲料利用性；③秸秆肥料化，将秸秆覆盖还田、快速腐熟还田、稻麦双套还田、堆沤还田，或作为原料生产商品有机肥。

（7）畜禽养殖排放的 CH_4 和 N_2O 来自牲畜的肠道发酵和粪肥处理，则相应的碳减排措施要改善反刍动物胃肠发酵、对尿粪进行能源化、肥料化、无害化处理，具体的低碳养殖技术包括以下几种：①改良饲料结构，饲料的主要成分之一是蛋白质。研究表明，猪、鸡饲料中蛋白质的含量每降低 1%，养殖场中 N_2 的释放量就会降低 10%～20%。一是通过加入蛋白酶等消化酶制剂和胡索酸、柠檬酸、乳酸、丙酸等有机酸制剂，都能显著提高蛋白质的利用率，有效减少温室气体的排放。二是均衡搭配，改善饲粮精粗比例，有助于畜禽对蛋白质的吸收，直接达到减排目的。②畜禽粪便制成沼气，畜禽尿粪在沼气池中经微生物发酵后就可以产生沼气。沼气是一种可燃烧的清洁能源，可避免 CH_4、H_2S、CO_2 等气体向环境中直接排放。而且剩余的沼液和沼渣含有丰富的营养物质，可作肥料和饲料。③畜禽粪便饲料化，动物粪便中会残存未被吸收的营养物质，将其二次利用，可减少粪便的大气污染和水体污染。例如，日本用蒸煮鸡粪脱臭法喂猪技术已经获得专利并推广；以色列广泛使用鸡粪垫草喂肉牛；德国、美国普遍用 20%～30%的鸡粪发酵饲料与其他饲料配合来喂牛羊。猪粪是很好的喂鱼饲料。发酵牛粪可作为猪食增重的饲料。④畜禽粪便肥料化，将动物粪便混合生活垃圾、枯枝烂叶、秸秆等混合发酵，加入 P_2O_5、KCl、NH_4Cl 等氮磷钾原料，最终制成颗粒状的有机肥。既能促进废物利用又能降低肥料成本，直接或间接地减少碳排放。值得注意的是，组建有机肥生产线（图 3-3），需要考虑当地土壤条件、种植结构、农作物品种、生产的自动化程度、市场容量等多项因素，否则盲目引进设备扩大规模不但不能带来经济效益，还可能加剧温室气体排放。

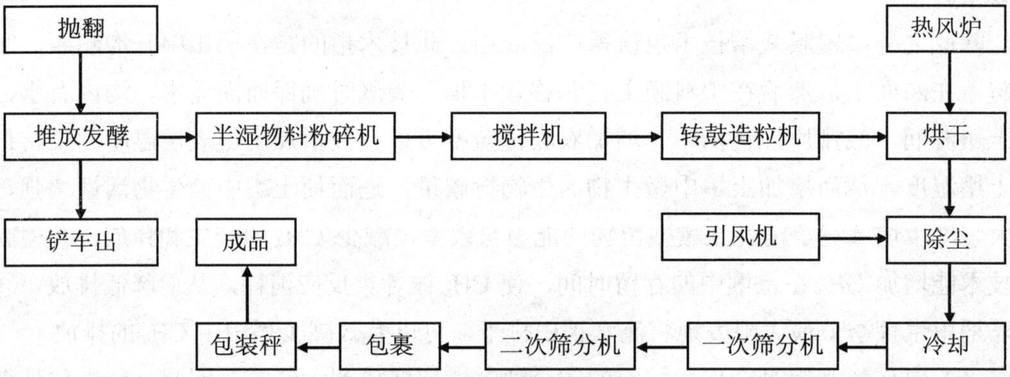

图 3-3 有机肥生产线

（8）林草碳汇功能显著，必须加强林草生态系统的保护。相关的技术包括以下两种：①退耕还林还草，坡耕地、低生产率耕地退耕还林种草、荒山荒地造林种草，提高植被覆盖率，防止水土流失，改善土层结构，提升植被土壤固碳量；②林草生态修复，加强林草生态系统日常保护工作，及时修复、补种受损林草，解决农田防护林断带问题，增加河道附近林草密度等。

3.3 低碳农业综合生产模式

低碳农业在实践过程中创造出许多不同类型的发展模式与配套技术，涌现出一大批好的典型与案例，发挥了积极的示范带动作用。例如，农业种养空间立体结构生态系统模式与技术、农业资源节约与物质循环利用系统模式与技术、庭院绿色低碳循环农业模式与技术、绿色休闲农业与农业科技（生态）园区模式与技术等。总结推广这些不同类型的发展模式与技术，让广大农民生产者在实施绿色低碳循环农业的过程中得以借鉴、应用和推广，对促进绿色低碳循环农业的发展有着十分重要的意义与作用。同时，这些模式与技术还需要在实践中不断创新、不断完善，开发出更多的新型发展模式与技术，引领与推动绿色低碳循环农业的可持续发展。

3.3.1 农业资源节约与物质循环利用系统模式与技术

中国农业发展于资源约束型农业，虽然农业自然资源总量大，但人均拥有量小；山地丘陵分布广，土地难利用比重大，耕地面积不足；水资源短缺，干旱、半干旱区域广；水土流失严重、面源污染不断加剧，农业生态环境日趋恶化；农村人口素质不高等均成为农业发展的严重制约因素。这一现实既凸显了建设节约型农业的紧迫性，又成为研究如何建设节约型农业的出发点和依据。为此，大力发展资源节约型农业意义深远。

农业资源节约型模式是以提高资源利用效率为核心，以节地、节水、节能、节肥、节农药、节种子和农业资源综合循环利用为重点的农业生产方式。节地，要建立和推广立体种植模式，充分利用地域空间发展节地农业。节水，要推广普及管道输水、膜下滴灌、水肥一体化等高效节水灌溉技术，建设旱作农业示范基地，加大旱作节水农业技术推广力度。节能，要淘汰老旧农业机械，推广使用节能型农业机械，推进抽水泵站节能改造，推广普及节能型太阳能蔬菜大棚。节肥，要大力推广先进施肥技术，科学使用化肥，鼓励农民增施有机肥，减少不合理化肥施用量。节农药，要淘汰落后施药机械，推广施用高效、低毒、低残留农药，开展有机农产品基地建设。节种子，要大力推广优良品种，实施定量精播。由于各地农业自然条件的不同，具体可根据各地农业资源状况、自然经济技术条件、区域特点和发展优势，发展各具特色的农业资源节约型模式，如农业的“节地—节时—节水”模式、畜牧业的“节粮—食草型”模式、渔业的“节饵—多层”模式、林业的“速生—木本粮油—立体型”模式。

农业产业化绿色低碳循环农业模式与技术是按照自然生态系统中物质循环共生的原理设计农业产业化生产体系，以低碳循环（生态）农业“龙头”企业为依托，立足当地农业资源的综合开发确定农业产业化的主导产业和主导产品，把农副产品生产、加工、销售有机地结合起来，推进绿色低碳循环（生态）农业向商品化、专业化、现代化转变。在农业产业化的生产过程中尽量延长生物链和加工链，形成“自然资源—产品—资源再生利用”的物质循环过程，使投入的自然资源量最少，废物的排放量最小，对生态环境的危害程度最低，实现经济效益最大化。

3.3.2 种植养殖空间立体结构生态系统模式

种养空间立体结构生态系统模式是指农业生物之间在空间垂直方向上的组合配置，即在某一区域的耕地、林地、水域、农家庭院等土地上，根据农业资源的特点和不同农业生物的特性，在垂直方向上建立由多物种共生共存、多层次合理配置、多级质能循环利用的立体种植、养殖等的农业生态系统模式，从而实现农业资源的高效利用，最少排放废物和污染环境，获得更多的物质产量，达到农业经济效益、生态效益和社会效益的高效统一。绿色低碳循环农业空间立体结构生态系统模式一般有农田立体种植模式、水域立体养殖模式、林果地立体模式、养殖业立体模式、农家庭院立体模式等。

（1）农田立体种植模式是在继承和发扬中国优良传统种植经验的基础上，广泛利用现有的自然资源、生产条件和现代农业科学技术，将不同作物及品种按照农田生态规律科学地进行间作、套种、混种、复种等，使之有效地提高单位土地、单位时间和空间内光、热、水、肥、气等自然资源的利用率，切实做到地尽其力、物尽其用，建立良好的农业生态经济复合体，从而获得较好的经济效益、社会效益和生态效益。

这里列举粮菜（粮）高效立体种植模式与技术，这类模式大多是在水肥条件较好的精耕细作地区和城镇郊区开发推广。主要以小麦套种玉米、小麦套种谷子、小麦套种甘薯、小麦套种水稻等一年两熟的粮食作物为主体作物，在保证粮食作物持续稳定增产的前提下，参与经济价值较高的经济作物或瓜类、蔬菜作物，提高单位面积的经济效益。此类模式能在保证粮食不减产或少减产的情况下，多收获 1～2 季蔬菜（或其他作物），每亩可增加经济效益 500 元以上，实现高产高效，符合绿色低碳循环农业要求。

农业综合开发生态模式与技术是一种集种植、养殖、加工、经营与生态保护于一体的综合发展模式，主要技术是立体种植技术、养殖技术、加工技术、沼气技术、资源综合利用技术等。例如，安徽省颍上县把农产品深加工作为农业资源再利用的重要途径。全县的优质稻米、小麦、红芋深加工已成规模，特别是在西部红芋主产区，形成三粉加工—粉渣喂猪—猪粪还田或制沼气的循环农业模式，产生巨大的经济效益和环境效益。全县把农作物秸秆也作为一种农产品，在抓好主导产品加工的同时，大力推广农作物秸秆综合利用技术。全县每年农作物秸秆总量约 40 万 t，另外，为了充分利用这部分资源，全县开辟了四条途径：①推广秸秆青贮和氨化，把玉米秸、红芋秧、花生秧等转化为畜禽饲料，发展畜牧业；②推广草编技术，周边乡镇把稻草编织成草袋、草帘，每亩稻草可增收400多元，使废弃物变成资源，实现再次增值；③推广食用菌栽培技术，把麦秸、稻草玉米芯、棉籽壳等制成食用菌的培养基，培植食用菌，再把菌渣作为有机肥还田；④推广秸秆作为造纸和建材原料，将秸秆处理后用于混凝土、水泥基材料的生产中。

这种种植模式经过大量的试验、示范和生产实践，总结出的综合性的应用农业科学技术，符合中国人多地少、精耕细作、集约经营等国情特点，有强大的生命力和广阔的发展前景。广大农民可以通过立体种植，高效栽培，利用当地的自然资源、生产条件，因地制宜地改革和运用各种各样的立体种植模式，不断地挖掘土地的增产潜力，加快绿色低碳循环农业发展。

（2）水域立体养殖模式与技术简单来说就是水里养鱼，水面种菜。立体循环养殖模式，是在鱼池上搭起竹筏，选择空心菜等水生叶菜，用浮床作为载体栽种。在养殖塘内种出的空心菜不需施肥也不需农药，水里养殖的鱼虾粪便是空心菜最好的肥料。浮床上种植出来的空心菜不仅口感、鲜嫩度等比旱地种植的要好，而且产量也比旱地种植的高出好几倍。最重要的是，水面种植空心菜可以改善养殖塘内的水质环境，既节省了养殖成本，又增加了效益，不仅可以收获绿色、安全的水产品，而且可以获得鲜嫩可口的蔬菜，可谓一举两得的立体种养技术。

鸭—鱼—鳖立体养殖模式是按水域为单元，使渔业与畜牧业相结合的养殖方式。鸭子放养在水中，水里的青草、竹叶、昆虫就成了鸭的天然饲料，每只鸭的饲养成本比饲养喂养少4～5元，由于是放养，鸭的肉质鲜美，销售价格也高。同时，用鸭粪当鱼的饵料，鱼产量可提高 20%左右。鳖还可以把水里多余的、质量不好的小鱼、小虾吃掉，提高了鱼的质量。鱼鳖在水中养殖要采取多品种混养，做到不同食性、不同层次的鱼类混养，提高水体利用率和饵料的合理利用率。

（3）林果地立体模式与技术在国际上又被称为农林复合系统，是利用林果和农作物之间在时空上利用资源的差异和互补关系，在林果株行距中间开阔地带种植粮食、经济作物、蔬菜、药材乃至瓜类，形成不同类型的农林复合种植模式，也是立体种植的主要生产形式，一般能够获得较单一种植更高的综合效益。

（4）“林果—畜禽”复合生态与技术模式的基本结构是“林果业+畜禽业”。在林地或果园内放养各种经济动物。放养动物，以野生取食为主，辅以必要的人工饲养，可生产较集约化养殖更为优质、更为安全的多种畜禽产品。一般是在丘陵山区、山坡地发展林果业或林草业，在林地中或果园里建立禽舍，将畜禽粪便直接投放林地或果园，从而形成“林（果）、草、禽养殖单元”相互联系的立体生态农业系统。牧草种在林间，利用林间空地生长，一方面可以保持水土，另一方面还可以减少杂树、杂草的生长。

为避免牧草种植过程中受野草侵害，选择在林木落叶季节进行秋播牧草。畜禽在林间轮放或圈养，用刈割牧草来饲喂，禽畜在林间放养过程中，采食牧草的同时也将粪便施到了林间，这样有利于牧草与林间苗木的生长。主要有“林—鱼—鸭”“胶林养牛（鸡）”“山林养鸡”“果园养鸡（兔）”等模式。这类模式养殖的畜禽为树木提供有机肥、啄食害虫，树木又为畜禽创造了适宜的生长环境，起到了种植、养殖协同发展的良好效果。

3.4 绿色低碳农业产品

3.4.1 绿色低碳农业产品概述

绿色低碳循环农业发展最终是为人类生产出无毒、安全、营养的各种优质农产品，即无公害、绿色和有机农产品。农产品质量安全不仅影响人类生活质量，而且影响人类身体健康，甚至是生死攸关的大事。为此，必须建立健全农产品质量安全标准化体系，农产品生产全过程实行质量安全监督管理，从而使农产品质量安全得到保障。同时，还要建立绿色低碳循环农业评价指标体系，用于科学地、客观地、定量地分析评价一个区域的绿色低碳循环农业发展现状、发展过程、管理水平等，促进绿色低碳农业发展的战略管理。

绿色有机农产品是绿色低碳循环农业的产品，是指从生产、加工、运输、贮藏到销售过程中无任何有毒有害物质污染，为人类生活提供无毒、安全、营养、优质的各种农产品的总称，包括无公害农产品、绿色农产品和有机农产品。

无公害农产品、绿色农产品、有机农产品是 3 个不同档次的绿色低碳循环农业所生产的农产品，三者的主要不同：无公害农产品——规范农业生产，保障基本安全，满足大众消费，达到中国普通农产品质量水平；绿色农产品——提高生产水平，满足更高需求、增强市场竞争力，达到发达国家普通食品质量水平；有机农产品——保持良好生态环境，人与自然和谐共生，达到生产国或销售国的普通农产品质量水平。

无公害农产品、绿色农产品、有机农产品的共同要求：生产的地域环境及周围环境中不存在污染源，确保产地环境中的空气、水、土壤的洁净；采用安全可靠的生产、储运技术以及从土地到饭桌的全程质量控制；不用或少用化肥、农药、激素等人工合成化学物质，有效防止生产对环境的污染。

3.4.2 绿色低碳农业产品发展条件分析

绿色有机农产品开发的自然条件主要包括当地的水、土壤、大气无污染，要符合绿色有机农产品生产的光、温、水、气等资源条件。具体而言，就是绿色有机农作物（包括蔬菜、水果等）生长的区域内没有工业企业的直接污染，水域上游、上风口和周边没有污染源对该区域构成污染威胁。要求该区域内的大气、土壤、水必须符合绿色农产品生产标准，并确保该区域在今后的生产过程中环境质量不下降，生态环境保持良性循环。

推进农业绿色发展是供给侧结构性改革的重要内容之一，构建农业绿色发展技术体系是农业供给侧结构性改革的内在要求。有机肥替代化肥、奶牛生猪健康养殖、测土配方施肥、病虫害生物防治、稻鱼综合种养等绿色技术和模式从本质上讲符合低碳的内涵。化肥施用量的增加从根本上而言是由于人们对农产品需求量的增加。人口的不断增长需要有充分的粮食、果品满足基本生活需求。农业供给侧结构性改革在于提高农产品质量效益的竞争力，但前提是在保供给的基础上，实现节本增效、谋求质量安全。有机肥增产速度要慢于化肥，不可能也没有必要进行绝对的全部替代，只能逐步实施有机肥替代，先达到化肥农药的零增长，然后再实现负增长。同时，在健康消费理念的驱使下，人们对低碳农产品（或有机农产品）的需求不断增加，促使市场自发配置低碳生产要素，引导农产品向高端发展，必然会带来化肥、农药投入量的有效降低。

除此之外，对于农产品优质优价的市场体系不够完善。我国的绿色食品分 A 级和 AA 级两种，A 级绿色农产品生产允许限量使用化学合成生产资料，而 AA 级标准更为严格，生产过程不能使用化学性肥料、农药、兽药、饲料及食品添加剂等有害环境和健康的物质。而有机农产品的生产技术标准要求更高，禁止使用基因技术，而且对土壤有严格的规定，如土壤从其他农产品到有机农产品的生产需要 2～3 年的转换期，对产品生产实行“从土壤到餐桌”的全程质量控制。所以，需要公司或企业联合生产基地或合作社进行联合生产，绿色食品、有机食品的认证数量也随着“一村一品”建设在逐渐增长。从销售市场看，有机农产品价格明显高于普通农产品，消费者对价格还是比较敏感和在意的。此外，由于市场的不规范竞争、农产品生产者和消费者之间的信息不对称等，经常会形成有机农产品的 “柠檬市场” 问题，优质优价的市场竞争机制被扭曲，结果是有机农产品高生产成本难以顺利稳定地转化为高价市场回报。

3.4.3 绿色低碳农产品开发意义

绿色农产品生产是精耕细作农业，生产、加工、运输、销售是一个有机系统，能为农村剩余劳动力提供就业机会，能大幅提高农产品增值率，从而提高农产品的经济效益。这样既发展了经济、提高了农民的收入，又保护了生态环境，还能为社会提供安全的绿色有机农产品，可谓是利国利民的好事，能获得较好的综合效益。

3.5 农业废弃物的利用

3.5.1 农业废弃物循环再利用模式与技术

据估计，我国每年产生的农作物秸秆有 40%～45%被焚烧，不仅浪费了资源，使土壤的有机质含量下降，导致土壤板结和蓄水能力下降，还造成大气环境的污染。农作物秸秆是一种重要而可观的生物资源，具有极高的经济价值，通过综合开发循环利用不仅可以变废为宝，而且可以节约资源和保护环境。

对农作物秸秆进行综合开发利用，要因地制宜地推广饲料化、肥料化、原料化、燃料化等利用方式，重点推进秸秆过腹还田、腐熟还田和机械化还田，鼓励利用富含营养成分的花生、豆类等秸秆加工制作饲料，推广应用秸秆栽培食用菌，发展新型秸秆代木、功能型秸秆木塑复合型材，推广秸秆制沼集中供气、固化成型燃料等。

综合开发利用模式有农作物秸秆→气化→燃气、农作物秸秆→饲料→养殖、农作物秸秆→菌肥→种植、农作物秸秆→纸浆→纸产品、农作物秸秆→板材→建筑材料、农作物秸秆→食用菌等产业链的循环利用。农作物秸秆做饲料，主要利用番薯藤蔓、玉米秸、豆类秸秆、甜菜叶等氨化、加工制成青贮饲料，稻草作为草食性动物的食料等。

农作物秸秆含有大量的氮、磷、钾元素，并且还有大量微量元素及有机质，可以作为肥料使用。实验表明，连续三年秸秆还田，可增加土壤有机质 0.2%～0.4%。因此，秸秆还田不仅是保护环境的有效措施，而且对增加土壤有机质，提高耕地质量，弥补磷钾肥投入不足，促进农牧业良性发展具有十分重要的意义。另外，食用菌能够很好地转化农业废弃物，减少秸秆的剩余量，降低焚烧秸秆对环境的污染，同时生产出高营养价值食品。通过食用菌标准化栽培和菌渣综合利用等技术的集成，可以高效循环利用农作物秸秆。秸秆—食用菌—菌渣—有机肥种植业模式，就是利用农作物秸秆做原料生产食用菌，生产出的食用菌为人们生活所用，剩余的废弃物菌渣，做有机肥，发展种植业，形成一个物质循环利用产业链。食用菌是一种营养丰富的食物，是人们餐桌上的美食。菌渣中有机质含量高，各种速效性养分齐全，菌渣有机肥作为一种化学肥料代替品是极具潜力的生物肥料。

3.5.2 禽畜养殖废弃物资源化循环利用模式与技术

畜禽粪便是一种有价值的资源，它包含农作物所必需的氮、磷、钾等多种营养成分，还含有大量的挥发性有机物。2021 年全国畜禽粪年产量为 30.5 亿 t，综合利用率不到 60%。禽畜粪便资源化利用，有利用粪便发展农村户用和集中供气沼气工程，还有利用禽畜粪便、秸秆、有机生活垃圾等多种原料集成发展超大型沼气工程。推广堆肥处理、工厂化生产有机肥、好氧发酵农田直接施用，促进养殖类污染物资源化利用和无害化处理。畜禽加工副产物和废弃物利用，畜禽屠宰后血、脏器、骨、皮毛、蛋壳等可以生产医药、保健品、生活用品等，提高畜禽加工附加值，积极开展屠宰废水循环利用。构建畜禽粪便—沼气—发电、畜禽粪便—沼气—沼渣、沼液—无害化处理—肥料、农药—农林作物、畜禽加工—副产物—生化制品等产业链，实现禽畜养殖废弃物资源化循环利用。

禽畜养殖废弃物资源化循环利用重点是畜禽粪便资源化循环利用，要以解决禽畜粪便污染和增加经济效益为目标，利用厌氧发酵技术和生态工程的方法，使禽畜粪便转化为养殖业或种植业的原料或能源，实现其潜在经济价值，同时达到养殖废弃物的零排放。可利用厌氧发酵技术使污水中的不溶有机物变为溶解性有机物，实现无公害生产，从而达到净化环境的目的。同时，禽畜粪便的厌氧发酵产物沼液和沼渣，为种植业提供宝贵的肥料资源，间接降低种植业生产成本，也有助于推动绿色低碳循环农业的发展。而产生的沼气能有效解决农业的能源问题，减轻日益严重的石油和煤炭资源的压力。禽畜粪便经发酵后就地还田作肥料使用，也是减轻环境污染，充分利用农业资源最有效的途径。

用粪便养殖蝇蛆和蚯蚓。蝇蛆和蚯蚓都含有丰富的营养成分，是畜禽和高档水产养殖的优质高蛋白饲料，蛆粉和蚓粉可代替鱼粉。利用鲜蛆、鲜蚓和蛆粉、蚓粉喂养鸡、鸭，不但能促进其生长，增强抗病力和增重，减少饲料消耗，而且能提高产蛋率；用添加蛆和蚓的饲料喂养鱼、蛙和甲鱼等，能缩短摄食时间，减轻水质污染，促进生长并改善和提高水产品的品质。这种方式其实是将禽畜粪便间接用作饲料，与直接利用相比，安全性和营养价值更高。

3.6 农业低碳其他发展实例

随着碳排放问题的日益加剧，各国政府结合本国资源、资金情况出台了相应的政策推进农地碳减排。例如，日本提出了“面向 2050 年的日本低碳社会情景”蓝图，倡议工农业、行政体系和国民共同促进技术创新、制度变革，转变生产生活方式；支持农业领域为居民提供低碳食品，从源头减少碳排放。为鼓励本国农民进行低碳农业生产，日本政府发展环保型农户，对进行低碳行为和亲环境农业技术的农户，从贷款、税收全方位给予大力支持。韩国通过了《环境友好型农业法》，为农业高新技术研发和市场成果转化提供资金支持，该部法详细规定了韩国农业化学品安全使用和最大残留限值标准、农作物化肥标准量等，最大限度地防止农业生产对环境的污染。进入 21 世纪，低碳发展被正式纳入韩国国家发展战略，2009年颁布了《低碳绿色增长国家战略》，提出要大力发展低碳技术产业，应对气候变化能力，并着力发展利用农业产品的低碳绿色村庄。美国颁布了《清洁能源与安全法案》，以发放排放许可的形式鼓励能促进土壤固碳减排的治理项目。印度启动了“第二次绿色革命”，将森林覆盖率由23%提高到33%，支持农村生物能利用；通过生物工程、新品种引进与改良等方式，提高利用率，促进碳减排。

英国减少农地碳减排相关技术措施可归纳为两大类。一是重视碳排放的源头控制。即严格管控农地利用方式、禽畜养殖粪便无害化处理和增产化学品投入，将污染排放控制到最低。在土地利用类型转变上，规定了永久性的退耕还草区域、划定永久性牧场。重视土壤有机质提升管理，培植闲田绿肥，改进保护性耕作技术，提倡秸秆还田。在畜禽养殖管理方面，减少畜禽放养时间，降低牧场载畜率；草场定期轮牧；调整牲畜饲料结构。氮肥使用要遵守以下规定：①严格限制农作物氮肥最高施用量。②耕地有机肥氮投入量要小于250 kg 氮/hm^2。③氮肥施用时间。在农地管理过程中，制定了专业管理手册，通过颜色区分农场可用畜禽粪便的程度。比如，农场红色区域代表不能使用畜禽粪便、黄色区域表示限制使用、绿色区域表示可以使用等。二是控制碳排放转移途径。从土壤管理及枯落物覆盖、增施有机肥、农田水利基本建设三个维度，实现碳元素释放途径的阻断。①在耕作方面，采用少耕、免耕、地表微地形改造等综合配套措施形成保护性耕作制度。②在畜禽粪便管理方面，养殖场必须建设标准的粪尿无害化收集处理配套设施，达到干湿分离、减少养殖场污水和污浊气体排放，远离河道、田间排水沟堆放固体有机肥，倡导有机肥还田。③在农田基础设施建设方面，畜禽养殖场必须远离河流、水源等。比如，有机肥的使用范围限制在距离水井、泉眼50 m以上。

除征收碳税外，不少学者还探讨研究了工程技术措施或具有创新意义的政策积极推动碳减排。其中，工程技术措施包括调整农作物种植结构、增加绿色植被覆盖密度、少耕或免耕、植树造林等改变农田生态服务系统以减少碳排。改变畜禽饲料配比，提高畜禽养殖粪便管理水平，大力发展有机农业，提高氮肥利用效率，减少绝对施用量，构建厌氧消化系统，用于捕捉大气中的 CH_4，也是实现农地碳减排的重要手段。研究认为，在低碳能源开发方面，人口政策选项的成本远远低于太阳能、风能和核电、第二代生物燃料以及碳捕获和储存成本，甚至比森林养护和林业及农业做法更具成本竞争力。实施计划生育和鼓励与女性教育相关的人口政策项目，可以使全球气候基金获得更多财政支持，减少能源消费和碳排放。

3.7　农业低碳发展问题与挑战

3.7.1　加强农业科技建设，支撑绿色低碳发展

从技术方面来看，国内的农业技术较之前有了质的飞跃。在农业品种培育方面，挖掘出潜在的优质资源和基因，基本完成了主要农作物和常见牲畜的基因组测序，并建立了较成熟的育种技术体系。大力发展低碳农业，推动农业绿色发展，必须依靠科技创新，强化科技供给，构建低碳生产技术体系。目前，低碳生产技术如低能耗、低污染的生物菌肥、生物农药、可降解地膜、新能源农机等的研发需要大量科研资金的支持。农业科研经费多由政府财政拨付，而农业科技项目经费支持比例远低于其他行业的投入，资金短缺直接限制了科研院所对低碳生产技术的探索、研发。同时，生物菌肥、生物农药、可降解地膜、新能源农机的生产也需要企业投入更多的生产成本，在一定程度上限制了市场供给。现实中，无论是发展低碳种植业还是低碳循环畜牧养殖业，都需要农户等新型农业经营主体付出更多的人力成本、物力成本，对任何一个农业经营主体而言，都是具有挑战的。

农林院所是进行农业科研的主要机构，国家应重视对这些院所的投入，加大对绿色低碳循环农业的立项支持，加大科技投入，建立相对完善的推动绿色低碳循环农业发展的技术创新体系与技术示范推广体系，促进绿色低碳循环农业向高科技含量的现代农业发展。

农业生产基地禁用化学合成物质，势必要求较高的生产技术与之配套，只有通过先进的科学技术解决生产中遇到的问题，绿色低碳循环农业基地才能健康稳定发展，因此，要加强绿色低碳循环农业生产关键技术、病虫害防治、食品加工、包装、运输、储存技术等方面的研究，将农业科研与生产紧密结合，为绿色低碳循环农业发展提供技术支撑。要建立、培育和完善农业技术社会服务组织，把农民、企业、科技人员等各个环节紧密联系起来，逐步形成完善的农业科技服务体系。要加大绿色低碳循环农业的培训力度，依托农业科研院校与科研机构，有针对性地对绿色低碳循环农业推广人员、种植者与经营者等不同群体开展相关培训，提高其业务与技术水平。

3.7.2　加快法律建设促进农业低碳发展

从发达国家发展生态农业、有机农业、循环农业、低碳农业的经验看，国家出台相关的法律法规促进并规范绿色低碳循环农业的发展，形成一个严格的、全方位的法律法规体系为绿色低碳循环农业“保驾护航”。借鉴国外经验，应建立健全符合我国国情的法

律法规体系。①进一步完善农业基本法。农业立法不但作用于包括种植业、养殖业、林业、渔业、畜牧业在内的广义农业领域，还适度扩展到与广义农业密切联系的工业（如农产品的加工业、农用工业等）和第三产业（如金融业、保险业等）等领域。也要强调对贸易、营销、信息体系等环节的法律规范，真正巩固农业的基础地位。②完善农业投入、农村建设、农民权益保障的配套法规，如农业投资法、农村财政转移支付法、农村公共投资法、农业补贴法、农民权益保护法、农业产业促进法等。③完善绿色低碳循环农业配套法规，在绿色低碳循环农业生产方面、资源环境方面、监督管理方面、标准化方面都应制定相应的法律法规，如《农业清洁生产法》等。

3.7.3 其他建议

合理调整能源结构，减少煤炭消费，增加石油、天然气和水电等能源的使用也具有深远意义。充分发挥政府作用，大力支持农业减排技术和节能环保新机具的推广应用；推进土地流转和规模化经营，使农机充分发挥效能和合理配备机具成为可能，以降低能源消耗。建立农业减排增汇生态效益补偿机制或对减排技术的使用提供补贴，以降低社会减排成本等，从多个方面激励农户采用低碳型农业生产方式。

低碳生产技术从研发、推广到应用是一个系统过程，每个阶段环环相扣。低碳生产技术研发企业或机构、农技推广部门以及合作社等作为不同的经济主体，其利益需求不同，精准识别低碳生产技术从研发到应用这一链条上各经济主体的利益诉求，并探索各经济主体利益协调机制，是值得研究的内容。

思考题

1. 简述我国发展低碳农业的特点对全球碳排放的意义。
2. 概述低碳经济理论与循环经济理论。
3. 概述低碳农业技术包括哪些内容？
4. 低碳农业综合生产模式包括哪些？
5. 你认为在未来从哪些角度可以为实现农业碳中和贡献力量？

第 4 章 工业与环境低碳技术

4.1 工业低碳现状与进程

4.1.1 工业碳排放现状

20 世纪 80 年代起，随着全球平均气温的逐渐升高，气候变化问题引起世界各国的普遍关注。根据科学家研究发现，工业革命之前，全球大气二氧化碳浓度大约为 280 mg/kg，随着全球工业化的不断推进，今天全球大气中二氧化碳浓度已超 4 000 mg/kg，地表温度相对工业革命之前升高了 1.02℃。针对全球二氧化碳浓度的不断上升，从 20 世纪开始，世界各国纷纷采取行动共同应对全球变暖问题。1997 年《京都议定书》的出台，确定将大气中的二氧化碳等温室气体稳定在一个适当的水平。2015 年《巴黎协定》的签订，明确要将全球平均气温相比前工业化时期上升幅度控制在 2℃内，并努力将温度上升幅度限制在 1.5℃内。

中国拥有联合国产业分类中的所有工业门类，是世界上工业体系最健全的国家之一，巨大的工业规模造就经济的快速发展，人民物质生活不断得到提升的同时，也造成一系列的环境问题。在 2020 年第 75 届联合国大会一般性辩论上，习近平主席向世界宣布，中国力争于 2030 年前实现碳排放达峰，2060 年前实现碳中和。

从减排的成本来看，中国正处于工业化、城镇化的快速发展阶段，受需求拉动影响，高耗能行业增长迅速。而中国的能源消费结构又以煤炭为主，煤、石油等化石燃料消费占能源消费总量的 82.1%。另外整体科技水平落后，低碳技术的开发与储备不足，在许多情况下，要花大量资金通过国际技术市场购买引进，减排的代价十分昂贵，严重影响经济增长。此外，中国技术落后的局面也没有得到根本性改观。中国正处于大规模能源、交通、建筑等基础设施建设时期，如果不能及时获得先进的、有益于减缓温室气体排放的技术，则这些设施未来节能改造的代价将会更高，效果也不见得理想，未来与发达国家相比减排难度会越来越大，会处于更加被动的地位。

4.1.2 工业低碳进程

4.1.2.1 制定低碳经济发展战略与政策保障体系

虽然低碳发展的口号是西方国家最早提出来的，但是作为世界上最大的发展中国家，中国早已经成为发展低碳经济行动的积极践行者。面对国外形势，结合中国自身国情，中国先后颁布了《国家中长期科学和技术发展规划纲要》《气候变化国家评估报告》以及《国家环境保护"十一五"规划》3个重要的纲领性文件。随着关于低碳发展的各项政策法规的出台，中国低碳发展的思路和路径也逐渐清晰并细化。

2006年"十一五"规划纲要中明确提出要建立资源节约型、环境友好型社会。2006年年底，科学技术部、中国气象局、中国科学院、国家发展和改革委员会、国家环保总局等12个部门组织编制和发布了中国第一部《气候变化国家评估报告》。

依据《联合国气候变化框架公约》和《京都议定书》的规定，中国在编制完成《中国对应气候变化国家战略》的基础上，制定了《中国应对气候变化国家方案》并于2007年正式颁布实施，成为第一个制定应对气候变化国家方案的发展中国家。该方案明确了到2010年中国应对气候变化的具体目标、基本原则、重点领域和政策措施。

2007年年底，中国发布《中国的能源状况与政策白皮书》，在该白皮书中明确指出：将可再生能源正式列入国家能源发展的重要组成部分。2008年10月29日，国务院新闻办公室发布了《中国应对气候变化的政策与行动白皮书》，该白皮书系统地阐述了气候变化对中国的影响、中国应对气候变化所采取的相应政策与行动，以及中国对此进行的体制机制建设。

2009年8月12日，国务院第76次常务会议审议并原则通过了《规划环境影响评价条例》，该条例提出发展绿色经济是当下中国经济发展的重要选择。2009年8月24日，国务院研究制定了《关于发展低碳经济的指导意见》，由该意见可知，中国要发展低碳经济，就不得不考虑中国的实际情况。在借鉴国外先进制度和经验的前提下，在国内开展低碳经济试点和试行碳排放强度考核制度，积极进行温室气体排放控制体制机制的建设，在特定区域或行业内探索性开展碳排放交易制度。

2009年，中国确定了低碳发展的近期目标，及2020年比2005年单位GDP碳排放减少40%～45%，非化石能源占一次能源消费比重达到15%左右，森林面积增加4 000万hm^2。

2012年中国发布的"十二五"国家战略性新兴产业发展规划，提出了2015年和2020年节能环保、新能源和新能源汽车产业发展路线图。2013年8月，中国政府对外发布了《国务院关于加快发展节能环保产业的意见》。该意见指出，中国为适应低碳经济的发展，把节能环保产业作为重点领域，促进其发展水平全面提升。与此同时，为治理日益严重的环境问题，要把环保技术提升作为重中之重。

2014 年 5 月，《中国低碳经济发展报告（2014）》正式发布。该报告明确提出发展以市场为主导的低碳经济，政府只能起到辅助功能。要求各政府部门、企业和个人将发展低碳经济的政策落到实处。中国应对气候变化、追求低碳发展相关政策的历史演进见表 4-1。

表 4-1　中国应对气候变化、追求低碳发展相关政策的历史演进

年份	主要政策
2005	实行《能源效率标识管理方法》；施行《清洁发展机制项目运行管理办法》
2006	施行《中华人民共和国可再生能源法》；发布《关于加强节能工作的决定》；第一次发布《气候变化国家评估报告》
2007	发布《中国应对气候变化国家方案》；发布《中国能源状况与政策白皮书》；发布《可再生能源中长期发展规划》；制订《节能减排综合性工作方案》；颁布《中国节能技术政策大纲（2006）》；修订《中华人民共和国可再生能源法》
2008	制定《可再生能源发展“十二五”规划》；出台“国家重点节能技术推广目录（第一批）”；实行《公共机构节能条例》；发布《中国应对气候变化的政策与行动》；施行《民用建筑节能条例》
2009	实施《中华人民共和国循环经济促进法》；通过《关于积极应对气候变化的决议》
2010	出台《国家节能技术推广目录（第二批）》；发布《关于开展低碳省区和低碳城市试点工作的通知》；发布《中国资源综合利用技术政策大纲》；国务院常务会议审议并原则通过《国务院关于加快培育和发展战略性新兴产业的决定》，节能环保、新能源和新能源汽车包含在七大产业之中
2011	第二次发布《气候变化国家评估报告》
2012	国务院印发“十二五”国家战略性新兴产业发展规划，提出 2015 年和 2020 年节能环保、新能源和新能源汽车产业发展路线图
2013	发布《国务院关于加快发展节能环保产业的意见》；发布《国务院关于化解产能严重过剩矛盾的指导意见》
2014	发布《中国低碳经济发展报告 2014》；《2014—2015 年节能减排低碳发展行动方案》
2015	印发《关于 2015 年公共机构节约能源资源工作安排的通知》；向联合国气候变化框架公约秘书处提交《强化应对气候变化行动——中国国家自主贡献》
2016	中国正式加入《巴黎协定》
2017	《能源生产和消费革命战略（2016—2030）》；《关于构建绿色金融体系的指导意见》
2018	《关于做好 2018 年重点领域化解过剩产能工作的通知》；印发《中共中央　国务院关于全面加强生态环境保护　坚决打好污染防治攻坚战的意见》
2019	《中国应对气候变化的政策与行动 2019 年度报告》
2020	《中共中央关于制定国民经济和社会发展第十四个五年规划和 2035 年远景目标的建议》
2021	发表《中国应对气候变化的政策与行动白皮书》

资料来源：新华网，人民网。

4.1.2.2 中国积极调整产业结构以适应低碳发展战略

改革开放40多年来，我国的经济发展模式一直处于高能耗、高排放、高污染的发展状态。这种“三高”的发展模式已经成为制约中国发展低碳经济的“瓶颈”。要想顺利地实行低碳发展战略，就必须进行产业结构调整。

2010年10月18日全国两会通过了《中华人民共和国国民经济和社会发展第十二个五年规划纲要》，明确提出了中国结构调整的目标：节能环保、创新提效和持续发展。其中，控制高耗能产业、发展高科技产业和第三产业是未来中国产品结构和产业结构调整的主流方向与重要任务。

在相关具体产业中，也提出了具体目标：①到“十二五”期末，第三产业的比例比2010年提高 4个百分点，生产性服务业在服务业中所占比重由2007年的接近30%提高到40%：②高新技术产业增加值占工业增加值的比例，比2010年提高5个百分点，战略性新兴产业发展呈现规模；③加快淘汰落后产能，改造升级现有产能。

4.1.2.3 中国工业低碳财税政策与资金补助

产业结构的调整必然会导致税率政策的变革。中国在进行产业结构调整的同时，积极地调整税率政策。随着中国经济的快速发展，中国对能源的需求量特别是石油的需求量日益剧增。而中国的能源税一直是从量定额征收，这显然不利于中国的产业结构调整和中国的低碳经济发展战略。

中国不仅加快资源税的改革，推进相关政策的实施，而且在税收优惠方面也实施有利于低碳发展的政策。中国政府对实施节能项目、购买专用设备或可再生能源的企业给予所得税优惠或增值税优惠。另外，中国对使用和从事加工清洁能源方面的企业给予一定的财政补贴。

总体来说，在低碳发展的道路上，虽然中国起步晚于西方发达国家，但是中国顺应时代潮流积极调整国家经济政策方针，从政策体系、产业结构和税率改革三个方面入手，使中国在低碳发展方面的脚步并不落后。

4.2 工业低碳理论研究

4.2.1 工业碳排放的直接影响因素

（1）产业结构因素对工业碳排放的影响。大量研究表明，产业结构因素对于工业碳排放的影响不显著。但也有一部分研究显示，中国制造业产业结构与碳排放关联度稳定在 0.9 左右，并且 2005 年以前在所有因素中影响程度最大，以后位居第二，这与中国制造业逐渐重型化密切相关。中国重工业发展迅速，1995—2010 年的 16 年间，年均增长率为 17.8%。除 1996 年、1997 年两年制造业的重型化程度在 0.7 以下外，其余年份都在 0.7 以上，且逐渐缓慢上升。从 2005 年开始，比重基本上稳定在 0.77～0.78。重工业一般属于高能耗行业，其包含的 17 个细分行业所消耗的能源总量占制造业能源总消费的比重，1995 年为 86.6%，以后每年都在上升，2005 年超过了 90%，2010 年达到了 91.4%。同样，重工业要消耗更多能源并排放大量 CO_2。因此，产业结构是影响制造业碳排放的一个重要因素（表 4-2）。

表 4-2　1981—2008 年工业碳强度指数及其 LMDI 因素分解跨期平均值

时期	碳强度指数	因素分解		
		能源结构指数	工业结构指数	能源强度指数
1981—1990 年	0.988 3	1.006 9	0.987 7	0.993 8
1990—1995 年	0.961 5	1.010 1	0.991 5	0.960 0
1995—2004 年	0.920 6	0.999 9	0.978 1	0.941 2
2004—2008 年	0.950 2	1.004 5	1.001 5	0.944 5
1981—2008 年	0.954 5	1.004 8	0.987 7	0.961 8

（2）能源结构因素对工业碳排放的影响。根据《2006 年 IPCC 国家温室气体清单指南》所提供的固定源和移动源燃烧缺省 CO_2 排放因子，煤炭、焦炭、原油、汽油、煤油、柴油、燃料油与天然气 8 种燃料的排放因子从大到小排列依次为煤炭与焦炭的排放因子＞原油及其产品的排放因子＞天然气的排放因子。单位热量燃煤产生的碳排放比石油和天然气分别高出 36%和 61%左右，而以风能、太阳能、核能等为代表的新型能源则是零碳排放。因而，在各类能源中，煤炭的碳排放系数最大。若其他因素不变，燃料结构中的煤炭与焦炭比重下降，则碳排放量必然减少，反之，则碳排放量增加。

4.2.2 工业碳排放的间接影响因素

4.2.2.1 人口、经济因素对工业碳排放的影响

潘佳佳等研究发现，人口和经济发展是工业碳排放的主要拉动因素。图 4-1 是 1996—2007 年影响中国工业行业的 CO_2 排放变化量影响因素的贡献值。从图 4-1 中可以看出，经济发展和人口因素是 CO_2 排放量增加的拉动因素，其中经济发展因素的贡献值和贡献率更大。虽然从 1996—2007 年其贡献值变化不稳定，但总体而言是不断增加的。2008 年达到最大值，具体数值为 159 200.3 万 t；1999 年最小，为 923.84 万 t。这说明相

较于 1999 年而言，2008 年经济发展因素对 CO_2 排放量增加的拉动作用更大。人口因素对 CO_2 排放量增加的贡献值变化趋势不明显，基本保持在一定的数值。

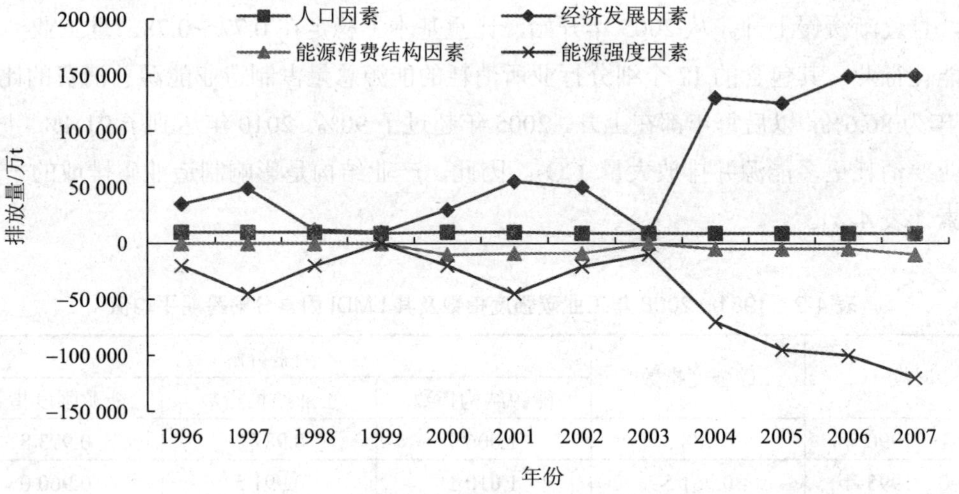

图 4-1　1996—2007 年影响中国工业的 CO_2 排放变化量影响因素的贡献值

刘红光和刘卫东借助 LMDI 分解方法，将 1992—2005 年工业碳排放量分解为 6 个因素（能源消费总量、消费结构、技术因素、中间投入量、产业结构以及工业总量），发现经济增长周期的波动和工业生产总量的增加是碳排放迅速增加的主要原因。

王锋等从 6 个产业部门和 8 种能源对中国 1995—2007 年 CO_2 排放的影响因素进行分解，发现人均 GDP 是最大驱动因素。人均 GDP 综合衡量了一个国家的人均产品与服务的生产能力，其不但反映了该国的经济发展水平，而且反映了居民物质生活的富裕程度。1995—2007 年，中国的人均 GDP 以年均 8.8%的速度增长。这表明中国的人均生产能力不断提高，经济持续发展。在研究的每一个时间段，人均 GDP 增长都是 CO_2 排放量增长的最大驱动因素，其平均贡献率达到 15.82%，远大于任何一个驱动因素的贡献。这一研究结果充分表明，中国的 CO_2 排放与自身的生存和发展密切相关。如果要大幅削减 CO_2 排放，势必会影响经济发展。因此，中国在减少 CO_2 排放、发展低碳经济的过程中，必须权衡减排与经济发展的关系，在保证经济发展不受影响的条件下，减少 CO_2 排放，实现经济发展与 CO_2 减排的“双赢”。

4.2.2.2　贸易与外商直接投资（FDI）因素对工业碳排放的影响

Ang 研究了中国 1953—2006 年 CO_2 排放的影响因素，结论表明高贸易开放度与碳排放呈正相关。贸易增长促进了中国 CO_2 排放量的增加，出口贸易结构中资源性、高能耗产品比重偏高，贸易高速增长的代价是大量的能源被消耗，导致环境污染与大量的 CO_2 排放。

而外商直接投资的流入能够减少中国的 CO_2 排放。外商直接投资进入中国时，不仅带来了资金，而且带来了技术，发达国家企业的生产技术、管理经验总体上要优于中国企业，外资的进入产生了技术溢出效应，提升了中国的生产技术水平，从而在一定程度上减少了 CO_2 排放量。

从相关研究结果来看，FDI 与碳强度存在显著的负相关关系，地区 FDI 的数量越多，碳强度就越低，即 FDI 的引进可以有效降低中国的碳强度。FDI 是传播低碳技术的一个非常重要的渠道，即通过 FDI 技术溢出效应可以提高东道国的低碳技术，从而提高其能源利用效率和降低碳强度。

就中国而言，FDI 与中国的企业建立合资企业，一方面可以促进低碳技术的交流；另一方面通过劳动力在企业间的流动，也可以将先进的低碳技术传播给中国的企业，为中国提供了研发和利用先进低碳技术的机会和技术支持，从而可以提高能源利用效率，减少碳排放和降低碳强度。

4.2.2.3　其他相关因素对工业碳排放的影响

随着研究的不断深入，学者在工业碳排放影响因素分析方面开始注意工业的异质性，尝试从工业研发投入、资本深化、行业集中度、企业平均规模、外资进入等角度，考察其对工业碳排放的影响。总体来看，中国工业企业研发投入对工业碳排放影响不大，企业规模适度扩大、重型工业和国有企业比例减少等有助于工业碳减排。

还有学者考虑热力和电力排放强度的变化对工业碳排放的影响。检验结果显示，碳排放系数（电力和热力碳排放系数）对工业碳排放的影响最小，主要是因为中国的电力生产主要是火电，在 1998—2005 年 75%以上的电力是煤电，从而导致电力和热力碳排放系数变化较小。国娟等研究得出，各工业部门的碳排放趋势不同，深度挖掘石油、电力、煤炭及冶金工业部门的减排潜力，将是工业部门实施减排的关键。

4.2.3　工业碳排放的研究方法

（1）因素分解法。因素分解法是已有研究采用较多的方法，主要包括拉斯拜尔指数法（laspeyres index method）、简单平均分解法（SAD）和自适应权重分解法（AWD）。其中，简单平均分解法又包括对数平均权重分解法（logarithmic mean divisia index method，LMDI）和平均增长率指数法（mean rate-of-change index，MRCI）。LMDI 使用较为广泛，它是由 Ang 等在 1998 年提出的，能将碳排放指标分解成几个不同的因素，具有可不产生余值且允许数据中包含零等优点。

王灿等是中国公开文献中最早对碳排放影响效应进行研究的几位学者，他们采用改进的迪氏对数平均权重分解法（LMDI）分别对中国 1957—1979 年和 1980—2000 年两个样本区间的碳排放总量进行分解分析得出：1957—2000 年中国碳排放量减少了 2 466 t 碳，其中 95%是由能源强度下降引起的，仅 1.6%和 3.2%是由能源结构调整及可再生能源利用带来的。

徐国泉等利用因素分解法研究了能源效率、能源结构、经济发展、产业结构等对中国碳排放总量或人均碳排放的影响，研究结论无一例外地显示了能源效率与经济发展因素是中国碳排放变化的主要原因，而能源结构、产业结构等因素的影响并不大，且其作用方向与作用力度存在一定的差异。

潘雄锋等利用因素分解法将碳排放强度变化分解为结构份额与效率份额，并利用 1996—2007 年统计数据对中国制造业碳排放强度变化进行了分析，研究结论显示，效率因素促进中国制造业碳排放强度下降，而结构因素导致碳排放强度提升。

以上学者都采用了因素分解法来研究能源强度及能源结构对工业碳排放的影响，但研究样本区间的选取并不相同，个别还研究了能源效率、产业结构等因素对工业碳排放的影响，因此研究结论存在一定的差异。

（2）投入产出分析与可计算一般均衡法。投入产出法，就是把一系列内部部门在一定时期内投入（购买）来源与产出（销售）去向排成一张纵横交叉的投入产出表格，根据此表建立数学模型，计算消耗系数，并据此进行经济分析和预测的方法。

加尔巴乔等构建了中国经济系统的动态可计算一般均衡模型，分析了征收碳税对中国碳排放产生的影响，并指出碳税征收理论上存在“双重红利”的可能性。基于投入产出分析法，Fan 等分析了技术进步、人口规模、城市化对中国能源需求和碳排放的影响。

张友国等基于投入产出表对中国的 CO_2 排放或强度进行了结构分解，前者得出了能源强度是主要影响因素的相似结论；而后者把碳排放分解为 GDP 变化贡献、经济结构、分配结构和碳系数变化四个因素，从行业结构的角度解释碳排放的变化。

以上学者的研究采用了投入产出分析与可计算一般均衡法，但影响因素的选取并不相同。通过以上研究的比较，可以看出投入产出分析与可计算一般均衡模型的优点在于能够通过对要素在产业部门之间的流通与再生产进行模拟，进而对各因素的作用机理与作用路径做出详尽刻画。然而，二者对分析数据的严格要求（二者皆以投入产出表为基础）使数据获取存在明显的局限性，因而不利于相关研究的开展。

（3）计量经济分析法。计量经济分析法包括一个或一个以上的随机方程式，它简洁有效地描述、概括某个真实经济系统的数量特征，更深刻地揭示出该经济系统的数量变化规律。关于计量经济分析法在工业碳排放影响因素方面的运用，有以下几个典型研究。

李小平和卢现祥基于分行业面板数据，考察了人均产出、贸易开放程度、技术研发等因素对中国工业行业碳排放量的影响。杜立民基于省级面板数据分别在静态和动态面板数据模型框架下，考察了重工业比重、城市化水平、煤炭消费比重以及上一期人均CO_2排放量对中国碳排放量的影响。魏巍贤和杨芳、虞义华等运用省级面板数据，对中国CO_2排放的影响因素进行实证分析，研究了经济发展水平、产业结构及技术进步对碳减排的影响。卢现祥和张翼利用省级面板数据，实证分析了政府干预机制、公众参与政府的环保治理、中国公众受教育程度、环境管制对中国碳排放量的影响。

以上学者利用了面板数据分析不同的因素对工业碳排放的影响，但影响因素的侧重点并不相同。比如，有经济发展水平、产业结构以及技术研发等经济因素，还有政府干预机制、公众参与政府的环保治理以及环境管制等制度因素，因此研究结论存在一定的差异。

与因素分解法、投入产出分析及可计算一般均衡法相比，计量经济分析法相对较为灵活，尤其是以面板数据为基础的计量方法能够扩增样本容量与自由度，减少变量之间的共线性，控制样本的个体异质性，进而提升估计的可靠性与有效性。

4.3 工业碳减排路径

4.3.1 低碳能源

低碳能源，是替代高碳能源的一种能源类型，它是指二氧化碳等温室气体排放量低或者零排放的能源产品，主要包括核能和一部分可再生能源等。积极发展清洁及可再生能源，替代传统的高碳能源，可以从以下几个方面入手。

（1）发展太阳能。丰富的太阳能作为取之不尽、用之不竭、无污染的廉价能源而独具发展优势。中国太阳能的利用主要分为两个方面：①光热效应，即把太阳光的辐射能转换为热能。②光生伏特效应，将太阳光的辐射能直接转变成为电能。从整体水平来看，中国太阳能方面的发展落后于国际水平，还有极大的发展空间和发展潜力。

（2）发展风能。中国风能资源位居世界第三，仅次于俄罗斯和美国，主要分布在中国的东北、西北、华北和东南沿海。风电产业市场前景广阔，具有资源消耗低、无碳排放、综合效益好等一系列特征，风力发电成为重要的补充资源。

（3）发展生物质能。生物质能是以生物质为载体，由生物质产生的能量。中国生物质资源十分丰富，分布广泛。依据来源的不同，可以将适于能源利用的生物质分为五大类：林业资源、农业资源、畜禽粪便、工业有机废气物和城市有机垃圾。随着现代生物工程技术的不断发展，清洁、高效、经济和方便的生物质能将成为未来能源的重要组成部分。合理有效地开发利用农业废弃物资源，必将有利于优化中国的能源结构。

4.3.2 原料

实现低碳化工业这一目标，需要从主攻技术节能、研发节能材料、改造和淘汰落后产能三个方面同时入手，其中主攻技术技能是实现低碳化工业的核心，研发节能材料是实现低碳化产业的根本，改造和淘汰落后产能是实现低碳化的手段。在以往的产品生产过程中，使用的原料大多数毒性较大，这些原料将危害从业人员的健康，并对环境造成严重的污染。因此，作为低碳化产业的根本，开发和研究绿色、无污染、低碳的材料是重中之重。目前，在化工生产中已研发了许多可以代替的原料。例如，光气大部分用于生产异氰酸酯和聚碳酸酯，光气的毒性在于伤害呼吸器官，严重时可导致窒息性死亡。孟山都公司以伯胺、二氧化碳、有机碱、醋酐为原料先生成氨基甲酸酯阴离子，再用醋酐脱水生成异氰酸酯和醋酸，醋酸再脱水循环使用，整个过程无废物排放。

4.3.3 生产

开发和使用低碳技术是减少碳排放的一个关键途径，这是国内外学者认可的一个基本共识。在工业碳减排方面，发展低碳技术是保障低碳生产的基础。在全球气候变暖、环境日益恶劣的情况下，低碳技术创新成为各国未来核心竞争力的一项重要指标。发展低碳生产可以从以下方面着手：①加大财政投资力度，发展低碳科技服务业。科技资源的整合与公共服务平台的建设已经成为促进国家科技创新的重要保障，国家对支撑科技进步与自主创新的科技基础条件也越来越重视。低碳科技公共服务平台是促进低碳科技创新而构建的科技基础条件和服务平台。低碳科技公共服务平台的建设，有效地整合利用现有低碳科技资源，通过低碳资源共享，将低碳技术资源、知识资源转变成低碳竞争优势，是实现低碳科技资源共建共享的需要，也是加快经济发展方式转变、促进低碳经济发展和节能减排的必然要求。②建立国家创新体系，作为技术创新的支撑。技术创新促进经济增长，不同的经济发展模式需要与之相应的技术水平作支撑。在低碳技术创新过程中，需要发展低碳技术创新政策体系，以保证低碳技术高效、有序、稳健地发展。③注重碳金融产业的发展和碳交易技术的创新。所谓的“碳金融”，即指与减少温室气体排放相关的各种金融制度安排和金融交易的活动，主要涉及碳排放权及其衍生品的交易和投资，低碳项目开发的融资，以及其他相关的金融中介活动。未来国际贸易等国与国之间的交流或联系都可能与碳市场紧密地结合在一起，碳排放量会成为许多金融体系重建的一个重要因素，碳金融也会成为时代金融创新的新趋势。

4.3.4 产品

工业低碳化的发展，给中国对外贸易的发展提供了新的机遇，增加出口产品的多样性。低碳经济的兴起，低碳产业也随之产生，低碳经济成了各国争相研究的对象。随着低碳壁垒的不断攻克，各种低碳产品数量开始大量增加，增加了出口产品的多样性。与此同时，新兴产业的兴起也给中国的企业带来打入国际市场新的机遇。一方面，许多外贸企业抓住机会革新技术，推出新型低碳产品，将会获得打开国际市场的契机；另一方面，碳将会作为商品在国际上流通。

一些发达的国家，工业低碳化的发展远远领先于发展中国家，其生产的低碳化产品将销售给发展中国家，甚至会将一些对于本国不先进的非核心技术作为产品出售，从中获得极高的利益。然而，这也带动了低碳化技术不发达国家的发展。

4.4 工业低碳化环境治理

低碳转型是在低碳经济背景下工业园区实现可持续发展的必由之路。低碳工业园区的发展少不了成熟的技术体系和创新机制。发展符合自身园区条件的技术，科学、合理地配置产业布局，这是低碳工业园区发展的基础。同时，还需要良好的政策环境。政府的支持以及园区内企业的积极配合，是低碳工业园区得以良好运行和发展的重要因素，而低碳工业园区还应在空间布局上拥有自己的特色。茂密的碳汇林，整齐的厂房、简洁的办公环境、具有低碳化性能的基础设施都是园区特有的景观，而这些景观处处都蕴含着“低碳”的理念。为此，对中国低碳工业园区的发展提出以下几点建议。

4.4.1 科学规划，促进低碳工业园区建设实践

低碳工业园区的科学规划，可以有效促进低碳产业园区的建设实践。众所周知，低碳工业园区是发展低碳城市的重要单元，为此低碳工业园区的规划要与所在城市的规划结合起来，作为其发展低碳经济的重要组成部分，有效解决低碳产业园区的商贸、生活、教育、医疗等问题，以此来聚集商圈、提升人气，使低碳工业园区的建设成为低碳城市建设的示范区。从长远的角度来看，低碳理念的融入是发展低碳工业园区极其重要的一个方面。

同时，低碳工业园区的规划必须同时考虑经济、社会和时间等因素对园区建设的影响，在此基础上制定出适宜园区发展的战略、政策，增强低碳园区建设和实际操作的可行性。此外，低碳工业园区的规划应该是作为一个过程，而不是一次性可以解决的问题。为此，动态的规划管理模式是中国低碳工业园区发展的一个重要理念。低碳工业园区的规划可以分为 4 个相互影响的时间跨度：短时间跨度、中时间跨度、长时间跨度和超长时间跨度，不同时间跨度分别对应的是低碳生产、低碳产业、低碳经济和低碳社会。较长的周期跨度制约着较短的周期跨度的发展，同时较短的周期跨度的变化积累形成较长

周期跨度的动态演进。低碳工业园区的规划可以分为逐次扩大的4个层次，形成“企业—产业—社会—生态”的整体空间结构。

4.4.2 强化园区的科技机制创新，构建低碳技术创新体系

低碳技术的发展是提升工业园区未来经济社会综合竞争力的关键所在，也是摒弃园区高碳发展老路和高碳技术模式，实现园区经济跨越式发展的有效途径。为此，加快发展园区低碳技术的步伐，是园区发展低碳经济的战略性要求。在当前经济发展情况下，中国获取低碳技术的途径有两条：①通过清洁发展机制引进发达国家的成熟技术，这种途径往往成本较为低廉，但是通常不能获取国外的核心技术。②通过原始创新和集成创新，重点攻关，中短期内可以获得较大效益的低碳技术，尤其是针对降低重化工行业能耗的低碳技术，并由此建立起自己的低碳技术创新体系。为此，要做到以下几点：①加大科技投入，增强自主创新能力，重点着眼于中长期战略技术的储备；②整合市场现有的低碳技术，加速科技成果的转化和应用；③加大低碳技术的研发力度，大力开发低碳技术和发展低碳产业，如太阳能、生物质能、风能、海洋能及CO_2捕获与封存技术等；④加快核能和水电等低碳特征能源的开发和利用，协调推进传统产业技术的升级以及节能减排，有效提高整个工业园区的碳汇功能；⑤以现有的新能源技术创新与产业发展平台为依托，加强国际间的交流与合作，促进发达国家对中国的技术转让。

4.4.3 建立低碳园区评价指标体系，引导园区科学发展

到目前为止，对于什么是低碳工业园区缺乏准确的概念界定，在操作层面上也缺乏相应的评价标准，这使低碳工业园区的建设过程容易出现偏差甚至背离。因此应积极建立低碳工业园区的评价指标体系，引导低碳工业园区的科学发展。然而，低碳工业园区是一个涉及经济、环境、社会等多个层面的复杂系统，若只采用一个或者是少数几个指标很难全面、客观地反映低碳工业园区的建设发展水平。需要根据低碳工业园区的特性，从不同的角度和层次对其开展综合评价，如经济发展、低碳产业、低碳技术、节能减排等若干指标。同时，各级指标的权重可以采用判断矩阵的方法确定，指标权重的确定必须与低碳工业园区的发展阶段、当期的发展目标结合起来。

4.4.4 打造低碳产业链，建设循环低碳工业园区

低碳工业园区是依据循环经济理论和工业生态原理设计而建成的新型工业组织形态，整个园区的运作应遵循循环经济的减量化、再使用、再循环的“3R”原则，将园区内一个工厂的投入或者是原材料通过清洁生产、循环利用、废物交换等手段，实现园区污染物的“零排放”。要实现这一目标，在低碳工业园区的建设过程中，就需要对不同类

型企业的资源、产品和废弃物进行物流分析，提高生产过程中资源的转化率，实现工业体系的循环。由多个企业依据“3R”原则相互结合形成一条互补的产业链，形成物质、能源的有效流动。

此外，还应积极推动低碳工业园区示范性建设。运用经济手段，调整单纯由经济和技术因素主导的产业关联，培育构筑规模布局合理、功能互补的低碳工业园区体系，推进循环型工业特点的零排放工业示范园区的建设。同时，建立工业园区生产过程中的数据库，集成各企业的生产排放数据库，以供查询；建立园区内的信息系统，实现信息共享，降低企业的生产成本和交易成本。另外，还要注重园区的招商选资。工业园区的招商选资要集聚管理、技术、人才密集型的企业和产业，培养高科技企业，引进产业高端项目，坚决避免园区内的重复建设和恶性竞争。引进的企业与产业链中已有的企业应形成一种共生互补的关系，集中治理污染，节约治理成本，同时提高企业之间的交易效率。为了产业链更加有效地运行，在园区范围内还应制定相应的产业政策，以此有效地规范工业园区的发展。

4.4.5　加快园区的体制机制创新，建立低碳经济发展体系

一些发达国家在发展低碳经济的过程中，通过体制机制建设，加大规范市场的力度，逐步建立了一套鼓励低碳经济发展的社会体系。为此，中国在低碳工业园区的建设过程中也同样需要加快体制机制创新，建立符合中国低碳经济发展的体系。对此可以从以下几个角度入手：①建立能源、资源、环境性产品及服务的价格信号导向机制；②建立“谁污染、谁付款”的责任延伸机制；③制定能源资源消耗、污染物排放的标准和第三方监测体系；④制定碳排放限值和排放交易权制度；⑤建立技术准入许可证制度，以及实施节能环保服务企业专业化运营机制。

4.5　典型案例与技术路径

在工业园区盛行的当下，工业园区是中国碳排放的主要“根据地”，是碳减排的重要单位和实施主体，是实现“低碳化”的重要组成部分。因此，探索中国工业园区“低碳化”道路是实现中国工业低碳化、发展低碳经济的必然选择。中国经济和工业发展进入新阶段，对工业的绿色发展也提出了新要求。从工业化进程趋势看，必须加快推进节能减排、实线工业低碳化转型。然而具体到不同的工业行业，由于行业特征不同，其技术路径也存在一定的差异性。为此，本节将对典型的工业园区进行案例分析，并提出构建引导行业低碳化发展的技术路径。

4.5.1 工业园区低碳化的典型案例

4.5.1.1 河北省曹妃甸工业园区基本状况

曹妃甸位于唐山南部沿海、渤海湾中心地带。“面向大海有深槽，背靠陆地有浅滩”是曹妃甸最明显的地理特征，有如下独特的自然地理优势。

（1）建港条件优良。曹妃甸水深岸陡，不淤不冻，岛前 500 m 水深即达 25 m，槽深达 36 m，是渤海最深点；−30 m 等深线水域东西长约 6 km、南北宽约 5 km，是渤海沿岸唯一不需开挖航道和港池就可建设 30 万 t 级大型泊位的天然港址。由曹妃甸向渤海海峡延伸，有一条水深 27 m 天然水道直通黄海。水道和深槽的天然结合，形成了建设大型深水港口无与伦比的优势，使曹妃甸成为“钻石级”港址。

（2）交通区位优越。曹妃甸毗邻京津冀城市群，交通便利发达，铁路有京山、京秦、大秦等国铁干线东西贯通，唐遵、卑水、汉南、滦港 4 条国铁支线南北相连；公路可与京沈、唐津、唐港高速和正在建设的沿海高速、唐承高速互通；曹妃甸港区 25 万 t 级矿石码头实现了中国国际通航。

（3）后方腹地广阔。曹妃甸腹地华北、西北、东北地区物产丰富，尤其是环渤海地区产业布局集中，经济基础雄厚。直接腹地唐山市工业已形成煤炭、钢铁、电力、建材、机械、化工等重化工业产业群，是全国重要的能源、原材料基地。人力资源丰富，尤其是从事机械加工、装备制造等方面的技术工人数量大、水平高。京津的巨大人才储备和强大的研发能力，也为曹妃甸开发建设提供了有力的人才、技术支撑。

（4）产业支撑牢固。曹妃甸水资源可供量相对充裕，引滦河 9.5 亿 m^3 入供水系统为主水源，引桃林口水库 3.92 亿 m^3 入供水系统为辅助水源，再通过海水淡化等措施，可满足曹妃甸港区和临港工业区的用水需求。岛后方滩涂广阔且与陆域相连，浅滩面积达 450 km^2，为临港工业和城市的发展提供了充足的建设用地。发展工业所依赖的资源组合条件好，腹地的煤炭、石油、铁矿石、原盐等资源丰富，产业的区域配套能力较强，适合大规模、高密度发展现代重化工业。曹妃甸工业区规划面积为 310 km^2。该园区按照“减量化、再利用、资源化”的原则，广泛采用循环利用、节能减排、清洁生产新技术、新工艺、新流程，精心谋划了钢铁、石化、电力三大产业链条，科学地构成了曹妃甸国家循环经济示范区的基本框架，形成了以循环经济为特色的产业体系。

4.5.1.2 总体战略及规划思路

曹妃甸工业园区按照国家“十一五”规划关于加快唐山港、曹妃甸循环经济产业示范园区和钢铁基地建设的要求，立足京津冀，背靠华北、西北、东北，面向世界，充分发挥地理区位、深水大港、资源组合以及产业后发优势，认真组织实施“依港促工、重化立城、港城互动”的战略，大力构筑现代港口物流、钢铁、石化和装备制造等产业集群，建立健全交通、供水、供电、通信、环保和用地六大基础支撑体系，努力把曹妃甸建设成现代工业先行区、腹地发展龙头带动区、经济增长方式转变创新区、国际市场接轨开放区以及循环经济示范区。构建曹妃甸低碳工业园区就是将其建设成为一个可以循环再利用资源，实现节能减排的空间组织形式，模仿生态系统的生态链，构筑生产—消费—分解为主线，适应现代社会要求的“自然—产品—使用—再生资源”闭环式循环经济的工业发展模式，通过清洁生产、延长和补充产业链，实现工业生态化网络体系建设。在实现清洁生产方面，曹妃甸工业园区以生产规模大、清洁生产潜力大、环保管理体系较完善、技术和经济实力相对较强、原材料和能源利用率大、环境污染较轻为原则，选择重点企业进行清洁生产审计和环境管理体系建立及认证工作。同时，要加强企业领导的清洁生产意识，正确认识清洁生产对于中国低碳工业园区可持续发展的重要作用，正确认识清洁生产与企业经济效益之间的互利关系，使企业自觉实施清洁生产，摒弃末端处理高投入、低产出，生产与环境管理相互分离的弊端。通过提高生产技术水平、优化工艺、提高产品质量和资源利用率等手段，把环境保护和园区工业生产有机结合，减少废物的产生和排放，实现园区的低碳化建设。

4.5.1.3 园区低碳化建设的主要做法

曹妃甸工业园区集合钢铁工业、建材工业、机械装备业及化学工业组成一个闭合的产业链。通过资源和能源的梯级循环利用使废物越来越少，最终实现节能减排。

在技术创新方面，工业园区通过替代技术、防污技术、能源梯级利用技术等先进技术，实现资源回收再利用，提高资源的利用率。自 2006 年以来，曹妃甸工业园区自主创新技术达 226 项，攻克技术难关有 300 余个。曹妃甸工业园区在解决资源消耗量最大、污染最严重的钢铁业时，采用了 220 多项国外先进技术；在解决淡水需求问题时，提出了海水资源综合利用的方案。曹妃甸工业园区针对不同的问题，结合相应的技术，制订不同的解决方案，最终实现低碳工业园区的建设。

在提高发展协调性方面，曹妃甸工业园区着重解决核心产业群资源再利用问题。具体对策包括：①建立管理机构，完善决策机制。成立曹妃甸工业低碳园区领导小组，设立相应的执行办公室，统一管理园区企业，制定园区的发展规划及相关政策；建立合理分权、权责明确、各司其职、相互制约、科学管理的法人治理结构；建立科学民主的决策程序和机制，鼓励公众参与，相关重大决策采取听证制度，建立信息公开制度。②构建信息平台，完善生态管理。建立曹妃甸工业园区公众信息平台，整合园区有关生产、销售、资源、管理以及法律法规等方面的信息，集成办公自动化系统、生态环境管理信息系统、信息公告系统，并定期发布生态工业园区环境状况信息。③加强能力建设，完善支撑体系。健全人才引进机制，利用国家开发曹妃甸的优惠政策，广泛地吸引国内外高素质人才，增加资金投入，创新研发模式，提高研发能力，加强与相关科研机构的交流与合作。

曹妃甸工业园区依据自身的实际需求进行技术创新，其实现技术创新的途径有：①引进国外先进的技术；②借鉴国外的研究经验，结合自身生产链上的需求，进行合理的创新；③与园区内外企业进行合作，集众人之长；④政府部门的引导与支持。

4.5.2 工业行业低碳化的技术路径

4.5.2.1 纺织行业低碳化的技术路径

（1）使用"新能源"替代传统能源实现节能减排。为了缓解能源危机、减少污染，中国加大了对新能源尤其是清洁能源行业的扶持力度，而众多纺织企业也在致力发展可再生新能源，实施低碳生产。例如，达利（中国）有限公司投资兴建了 13 000 m^2 的亚洲最大的太阳能集热系统，为印染生产提供热水，减少了水温加热时间，提高了生产率，降低了成本，提高了产品质量，年可节煤 7 733 t，减少 CO_2 气体排放量约 11 600 t。

但是在巨额资金投入和相关政策扶持下，新能源行业得以高速发展的同时，也暴露了其成本居高不下的窘态，并可能造成"减排不节能"的现象发生。以年产 30 万 t 化纤新材料新项目的供热为例，供热炉用三备一的情况下，采用新能源水煤浆比优质煤可减少二氧化硫排放 26 t。在硫排放方面，水煤浆的确比精煤具有优势，但水煤浆的生产过程需要耗电和超过 1 万 t 的水，折成碳排放量后其碳排放的总量大于精煤的排放量；同时其烟尘增加了 3 倍。这使企业的生产成本每年增加了 1 500 万元，投资成本增加了 600 万元，意味着企业每减少 1 t 二氧化硫排放量将付出超过 57 万元的成本。这种"减排不节能"的现象，大大打击了对有特殊能源要求的制造型企业的创新热情。因此，应当防止片面、局部的所谓"低碳"，而实际上从整体或产业链来看却是"高碳"现象发生。

（2）通过技术改造开发和生产低碳纺织品。低碳纺织品在消耗过程中产生的碳排放总量较低。其主要途径包括：选用总碳排放量低的纺织物料，选用可循环利用材料制成的纺织品，以及增加纺织品利用率、减少纺织品消耗总量等。相比之下，天然纤维和再生环保纤维的能耗及产生的污染较少。同时，国际上对人工合成环保纤维运用也非常广泛。在一些发达国家，已开始对聚酯饮料瓶进行回收、清洁、压碎后重新制造母料，再纺成高质量的纤维。尤其是美国、德国、意大利等，已经形成聚酯的工业化生产回收规模。例如美国聚酯短纤维现约有 30%利用的是再生原料。这对中国的纺织原料开发起到了导向作用。

目前中国化纤行业已经出现了部分通过新工艺、新技术、新材料的应用，实现产品创新、工艺创新。以华欣集团为例，采用“原液着色”彩色纤维生产技术体系，化工原料用量只有传统工艺的5%，而且使原有的彩色涤纶纤维或有色面料需要单独染色成为历史，省去了染前处理、高温高压染色等高能耗、高排放的工序。通过产品创新从行业源头对原料的定性，省去下游印染污染企业的生产环节。从污染的源头来说，大幅减少了印染化工企业的数量，把原来要经过多个高污染高能耗厂家才能完成的工艺流程整合到一家企业，并且工艺中的着色过程真正做到了低能耗、零排放。

（3）通过管理创新实现节能减排。从产品设计、原材料采购、整个生产工艺流程、物流运输，到终端消费废弃，逐步减少碳排放。例如华欣公司通过管理与销售的创新，采用连锁“超市”经营模式在国外建有60多个销售网点，预计在3～5年内销售网点将达到500家。这种经营模式的创新将弥补华欣生产方式上需要定性、定量的缺陷，同时通过兴建中国技术领先的高智能自动化物流配送中心，可对公司现有3 000多种颜色15 000多种产品进行自动挑选、分拣、配送，使其库存量保持最合理水平。

（4）通过加大宣传倡导绿色消费。一项民意调查表明，如今在欧美等发达国家和地区，有超过50%的人更愿意购买绿色产品。其中，67%的荷兰人、80%以上的德国人在购物时会考虑环境因素；有77%的美国消费者表示企业的环保形象将影响他们的购买行为；有94%的加拿大消费者表示在购物时要考虑商品对环境的影响；而有超过50%的英国人宁愿花更多的钱购买一些经过检测或认证的绿色产品。

在绿色消费的潮流中，生态纺织品的概念逐渐显现。低碳是未来生产和消费的趋势，纺织行业的节能减排和环保理念将由终端消费者共同推进，转化为市场行为。因此，要大力开展形式多样的低碳宣传，引导低碳社会生活方式，倡导绿色消费、绿色经营的理念，优化全民消费结构，实现全民参与。

（5）推动环境监管信息公开和绿色采购标识。环境标志制度作为一种新兴的环境管理手段，在促进企业改进生产工艺，以及采用清洁生产方式中所起的作用，是其他管理手段无法比拟的。这也是环境标志制度在世界风行的原因之一。①环境标志制度作为独特的环境管理手段，对调动企业和消费者参与环境保护发挥了作用；②实行公开自愿的申请原则，平等地面向国内外厂商，这符合WTO的非歧视性、透明性、公开性贸易原则。

因此，应当进一步扩大环境信息公开，全面、及时、完整地向社会发布纺织企业的环境监管记录，推动企业公布其排放和资源消耗数据，以利于加强对企业的公众监督，同时政府部门可以对实行绿色采购和绿色供应链管理的企业进行鼓励，对实现绿色采购和绿色供应链管理的企业进行认证，提高其社会责任感，让其接受社会的监督，在社会范围内形成绿色采购和绿色消费的氛围。

4.5.2.2 水泥行业碳减排的技术路径

根据水泥生产的工艺特点，水泥生产过程中的低碳技术主要包括提高能源效率、使用替代燃料、调整水泥品种结构、采用碳捕获和封存技术以及使用可再生能源等技术路线。

（1）提高能源效率。在提高水泥生产过程能源效率方面，国外采用的措施主要包括提高窑系统的热效率、采用高效粉磨技术、高效冷却机技术、高效选粉机技术、余热回收利用技术、变频调速技术、多通道燃烧器、水泥纯低温余热发电技术以及提高水泥厂的自动化水平等。然而，根据国外的发展经验，随着熟料煅烧过程中热效率的升高，对生产过程中污染物排放的要求愈加严格以及水泥强度的提高，水泥生产过程中的电耗也将会有不同程度的增加。

（2）使用替代燃料。水泥工业目前普遍采用的传统化石类燃料的热值较高，但 CO_2 排放强度也很高，其中煤的排放强度最高。而在相同热值的条件下，替代燃料的排放强度比燃煤低 20%左右。而另一些生物质替代燃料被认为是碳中性物质，对气候无影响，不计入工业 CO_2 排放。生物燃料主要是指农业或林业生物质的固体成型颗粒，属可再生能源，如秸秆、薪柴、人畜粪便、城镇生活垃圾、有机废弃物等。经过加工后都可成为生物燃料，具有低硫、永续、清洁、高效的特点，可用来替代中小型燃煤（油）锅炉的用煤（油）。据估算，每使用 1 t 生物燃料，可减少煤燃烧产生的 1.6 t CO_2 排放量。以现今比较看好的利用藻类光合固碳作用生产生物燃料为例，因为藻类在光合作用中需要吸入 CO_2，水泥窑废气中则含有约 25%的 CO_2，两者形成互补。藻类光合作用所生产的生物燃料足以替代煤供水泥窑烧成熟料之用。水泥窑排放的 1/3CO_2，则可供藻类光合作用固碳之需。这样从理论上来说，既解决了水泥窑的燃料供应问题，还减少了其 1/3 的 CO_2 排放，效益甚佳。

（3）调整水泥品种结构。国外普遍采用的调整水泥品种结构的措施，主要是提高混合材的掺加量，降低水泥产品中的熟料比例。可以作为混合材的材料，包括高炉矿渣、粉煤灰、天然火山灰质材料或石灰石粉等。硅酸三钙（$3CaO\cdot SiO_2$）是水泥熟料中最主要的矿物，胶凝性能最好，但是在实际生产工艺中硅酸三钙含量过高会造成熟料烧成困难，热耗急剧增加。因此，优化硅酸三钙结构、调整熟料矿物匹配与烧成方法，是制备高胶凝性水泥熟料的关键。通过确定硅酸三钙晶体结构、晶形、晶格内杂质分布及其与水化活性之间的关系，并采用掺杂、热历史控制等手段，可提高熟料矿物硅酸三钙的介稳化程度，从而大幅提高熟料矿相体系的胶凝性，使熟料的烧制变得容易一些，热耗降低，即 CO_2 排放量降低。

在中国，调整水泥品种结构，需要彻底淘汰落后水泥。落后水泥是指落后工艺生产的水泥和所谓采用新型干法先进工艺但规模达不到产业政策要求、技术指标不先进的生产线生产的水泥。主要是立窑、干法中空窑、湿法窑、立筒预热器窑、小型新型干法窑。

干法水泥生产技术的发展，大量节约了资源、能源，减少了 CO_2 排放量；采用高效除尘技术、烟气脱硫技术、脱硝技术及隔声屏障等，基本解决了粉尘、SO_2 和 NO_x 排放及噪声污染问题；利用低品位原燃料及工业废物，减轻了社会环境负荷，推动了水泥工业的可持续发展。彻底淘汰落后水泥产能，是实现水泥产业结构调整的需要，也是水泥工业走低碳化发展之路的前提条件。

（4）开发碳捕获与封存技术。水泥是除电力行业外最主要的 CO_2 排放行业。水泥行业应用碳捕获与封存（CCS）技术需要讨论技术和经济两方面的因素。目前，CO_2 捕获所需的费用为 20～75 欧元/t，甚至还要更高。然而，随着科技的进步，费用会逐渐降低。英国的 CCS 技术目前处于世界领先水平。国外对海藻生物燃料技术的研发取得了一定的成果。海藻能大量吸收 CO_2，同时种类多样、光合作用效率高、生长周期短、自身合成油脂能力强。根据研究，以往的燃烧过程碳捕获并不需要改变熟料的煅烧过程，因此可以应用于新建或现有的水泥窑。现有的最佳可行技术是化学吸收，目前已在多个行业有操作经验，并能达到很高的效率。从长期发展来看，薄膜技术也可以作为应用于水泥窑的候选技术之一；还有全氧燃烧技术也是水泥窑可采用的技术之一。采用全氧代替空气可以产生纯净的 CO_2，可以直接输送和储存。美国以往有水泥窑采用全氧燃烧的经验，但主要是为了提高产量。全氧燃烧似乎只适合新建窑，因为对现有水泥窑的改造需要的投资较高。国际能源署（IEA）提出一项支持性的研究，即仅在水泥窑的分解炉使用全氧燃烧模式，而其他的设备（包括窑、生料磨等）依旧采用传统操作方式。这种方式的好处在于不需要采取过多的措施改进密封，对产品质量也不产生影响。然而，采用这种方式的捕获效率（60%）要低于熟料煅烧阶段采用的全氧燃烧（氧含量 80%以上）。但是，由于 CCS 技术需要较高的投资成本，因此产能低于 4 000～5 000 t/a 的水泥窑并不适合使用。

（5）采用清洁能源。水泥厂采用清洁能源也是跨国大水泥集团的一个低碳发展方向。2009 年 Cemex 建成了位于墨西哥瓦哈卡州的欧洛斯（Eurus）风力电厂，配有 167 台风力发电机，每台发电量为 1.5 MW。这是世界上最大的风力电厂之一，也是拉丁美洲最大的风力发电厂。该厂的总发电能力为 250 MW，可以提供 Cemex 下属工厂 25%的电力需求，每年将减少近 60 万 t CO_2 排放。此外，Holcim 集团位于美国科罗拉多州的水泥厂，采用太阳能发电作为工厂的办公用电。采用太阳能作为能源的分解炉已经进行了可行性扩大试验，预计这种设备仅在 CO_2 排放税很高的条件下才考虑使用。此外，还需要满足 3 个条件：位于原材料开采地、年日照量高、有足够大的市场需求。

（6）发展节能粉磨技术与装备。开发能量转换效率更高的粉磨装备，提高物料粉磨效率，降低粉磨能耗，减少电能的浪费，也是水泥工业实施低碳经济的潜力所在，因为每吨水泥消耗的电能折合 CO_2 排放约为 80 kg。物料粉磨电耗占每吨水泥总电耗的 60%以上，其中水泥粉磨的电耗约占总电耗的 40%。粉磨又是个效率极低的过程，如传统的球磨机能量利用率仅为 1%～3%，绝大部分转化成热量而散失浪费，相应的每吨水泥电耗高达 110 kW·h。随着粉磨技术的进步，如采用能量利用率高达 10%以上的无球料床粉磨技术代替传统的球磨技术，每吨水泥电耗可降低至 80 kW·h 以下。另外，实践表明，通过改变辊盘形状、盘速、辊压及挡料圈高度以增加粉磨时间、提高中间产品细度、加宽粒度范围，并配套转子速度调节范围大的笼式转子选粉机，采用无球化料床粉磨技术可以生产出颗粒分布合格的各种水泥。

（7）优化水泥熟料和混合材性能。以南京工业大学“973”项目组从提高水泥熟料胶凝性能、降低水泥熟料烧成的热耗入手，在研究熟料矿物质结构及形成机制基础上，建立熟料微结构与性能的关系，研究熟料燃烧及快速冷却后能获得的阿利特高温介稳结构，提出的改进熟料烧制方法每生产 1 t 水泥可节约 12 kg 标准煤，节煤效率 10%以上，减少熟料使用量 20%以上。同时，项目在熟料分段烧成动力学及过程控制参数研究中，通过不断尝试，使熟料和水泥强度提高、熟料烧成热耗降低 10%～20%、水泥生产电耗降低 10%左右、熟料和水泥产量提高 10%左右，在保持与原有水泥强度相同的情况下混合粉煤灰掺量提高 10%～25%。由此，每吨水泥生产成本降低 20～30 元，尤其是可大量利用粉煤灰，为大批量利用粉煤灰作为水泥混合材料提供了一个很好的机会，进而解决了中国粉煤灰等工业废渣利用率低、污染环境严重的问题。将废渣转化为优质资源，真正实现了水泥的绿色生产。

（8）开发绿色环保型胶凝材料。开发与传统胶凝材料具有相近性能的新型胶凝材料，是无机非金属材料领域在节能减排方面的研究热点。该类材料以粉煤灰、矿渣、垃圾焚烧底灰、尾矿等各种废料为原料，在激发剂的激发下产生胶凝性能。其“低碳”效应主要体现在能耗低、煅烧温度低甚至不用煅烧、排放低。水泥矿物水化后形成有水化硅酸钙（C-S-H）、氢氧化钙（CH）、水化铝酸钙（C-A-H）等。这不仅有效地处置和利用了大量的建筑废物，而且消除了水泥生产过程 CO_2 的减排。

总之，为使水泥工业最大限度地满足低碳经济发展的要求，必须创新与发展水泥工业低碳经济的工程科学技术，同时将低碳经济技术方案组合起来实施，使从水泥生产到应用过程中的 CO_2 减排发挥更大作用。

4.5.2.3 电力工业低碳化的技术途径

在中国高碳能源结构和低碳强度目标的双重硬约束，以及众多制约因素的软约束下，在确保电力工业快速发展仍是首要任务的前提下，中国电力工业低碳发展需要开辟一条有别于发达国家过去和未来的路径。应将发电能源结构、电能发输配售及电能消费放到低碳电力发展的关键位置，并融入国家发展总体战略、能源可持续发展战略中，同时系统而深入地完善各方面的支撑与保障措施。

简单地说，发电能源结构就是化石能源和可再生能源的比例。前者是高碳排放源，后者是清洁能源。电能发输配售环节的低碳化是指在发电能源结构既定的情况下，如何从发、输、配、售层面减排。电能在终端能源消费总量中的比例及其增长速度决定着减排的程度和规模。其中电能发—输—配环节起着连接发电能源结构和电能消费的作用，显然是碳排放的关键，也是减排的核心因素。

电能发输配售环节是一次能源向二次能源的转换（电能生产环节）和电能的输配与使用（电能消费环节），电能生产环节与消费环节都会大量排放 CO_2 等温室气体。发展低碳电力，主要就是在电能生产环节和电能消费环节的整个过程中，利用技术层面和管理（制度）层面等多种手段，实现电能在发输配售各个环节的低碳化过程，使电能的生产更为清洁，使电能的利用更为高效。

（1）改善能源结构，提倡可再生能源。从长远看，如果不能改变目前的能源消费习惯，提高能源利用效率，再多的能源也会最终被消耗殆尽。按中国的原煤储量和预计用煤量的预测，煤炭最迟也将在 2065 年耗尽，石油更不可能作为中国的主要能源。靠化石能源发电在几十年后将成为历史，寻求可替代化石能源的非化石能源品种将成为必然。非化石能源一般就是核能和可再生能源。核能在中国的能源结构中不可能占据主要地位，因为中国天然铀资源严重短缺。所以，可以大力开发的非化石能源主要就是具有低碳特性的可再生能源。

电能是最便利、最清洁、用途最广的终端能源消费载体。中国目前以煤电为主的低碳电力发展，要求继续以煤电的高效化和清洁化实现节能减排。近期要改变能源结构的现状，主要靠风电和核电，长期则必须靠大力开发可再生能源。可再生能源作为清洁能源，主要有水能、风能、太阳能、生物质能、地热能、海洋能等。中国已颁布了《可再生能源法》和《可再生能源中长期发展规划》，积极鼓励利用可再生能源发电。需要注意的是，在逐步由化石能源转向清洁能源的过程中，必须根据中国的资源状况、经济状况、投资成本、发展规划、碳排放控制目标等诸多因素，选择适合中国国情的低碳电力产业化路线。随着生产和使用生物燃料热情的高涨，厌氧分解器和汽化器等生物质技术在利用农作物、农作物废物及粪便生产电力上将有更多的用武之地。

（2）建立智能电网，实线发输配售低碳化。发展低碳电力需要统一的智能电网作支撑。首先，电网是实现发电侧与用电侧低碳效益的重要载体，智能电网更有利于为接入大规模间歇性突出的可再生能源发电出力，调控负荷端多样的用电负荷模式；其次，智能高效的输配电技术与优化的低碳调度运行方式，可以赋予电网本身明显的低碳效益；最后，低碳电力智能用电可以解决大量低碳发电资源的并网运行带来的问题。智能电网建设将对低碳电力系统的形成和可持续发展产生深远影响。为此，国家电网公司从2009—2020年分三个阶段建设智能电网，届时基本建成涉及发电、输电、变电、配电、用电、调度六大环节的坚强智能电网。但全面、系统的智能电网建设，还需要通过电力市场化改革理顺各种体制机制之间的关系，建立各种并网规则和定价机制，合理引导投资等来促进这一进程。

建立低碳的电能运输体系，核心是推进智能电网建设，以及建立与之相适应的电网运营方式。无论是为适应可再生能源大规模接入或大量分布式入网，还是为满足用户侧低碳智能家居、电气化交通、双向互动供用电等低碳高效用电行为，都需要智能电网的技术支撑。应加速智能电网建设，打造具有灵活可靠、经济优质、高效低碳、友好开放、双向互动的电力接入、输送和供电平台。

（3）建立高效电能消费体系，大力推进节约用电。中国节电潜力巨大，是低碳电力的最有效途径之一，重点是调整升级产业结构和改变粗放型用电方式。一方面，要严格限制高耗能产业发展，大力促进节能技术研发，鼓励高效节能产品的推广应用，大力扶持高新技术产业、服务业和绿色产业，加快构建节能型产业体系，促进经济发展方式的根本转变；另一方面，提高清洁、高效、便利、优质的电能在终端能源消费中的比例。要引导形成经济、节能、环保的用电方式，核心在于建立合理用电价格机制、需求管理与需求响应机制、绿色电力营销机制等，提高用户对电价、能耗、排放信息的敏感性，在潜移默化中形成用户的节能环保行为，从而减缓化石能源消耗增速和碳排放增速。另外，通过产业升级、政策引导、价格机制等，不断将终端能源消费导向电能，提高电能对其他能源的替代程度。例如，在交通运输领域发展电气化交通替代对石油资源的依赖。

总之，低碳电力作为一项系统性工程，具有很强的整体性、协调性，必须依靠国家的支持与保护。要从政策角度鼓励节能，制定更加严格的能效标准和制度规范，出台促进节能的财税政策，大力推广节能新工艺、新技术、新材料，促进全社会共同开展节能活动，努力实现中国经济社会的健康可持续发展。

4.6 工业低碳化面临的问题与挑战

在当今的中国，碳排放主要还是一种政府推动行为，碳减排的市场经济政策体系还未真正建立起来，中国在更有效率地推进工业低碳化道路上还面临诸多挑战。

（1）发展排放的压力。工业化、城市化、现代化加快推进的中国，正处在能源需求快速增长阶段，大规模基础设施建设不可能停止；同时，又要实现全面小康，提高人民的生活质量。因此，怎样既确保人民生活水平不断提升，又不重走西方发达国家以牺牲环境为代价谋发展的老路，是中国必须面对的难题。

（2）资源能源的约束。中国人口众多，资源相对不足，很多重要资源人均占有量低于世界平均水平。从石油、天然气和煤炭三大传统化石能源的已探明储量来看，“富煤、少气、缺油”的资源条件更是决定了：即使不断努力调整能源结构，中国能源消费在相当长的时期内仍然只能以煤为主，工业生产中低碳能源资源的选择十分有限，决定了中国发展将继续伴随较高的碳排放总量，工业低碳化面临严峻的资源挑战。

（3）产业特征的限制。中国经济的主体是第二产业，这决定了能源消费的主要部门是工业，中国正处在工业化、城镇化加快发展的关键阶段，随着经济的增长，中国的能源消耗总量可能还会相对增加，还不能脱离高碳发展的模式。而工业生产技术水平落后，使中国经济的高碳特征更加突出。因此，调整产业结构，提升工业生产技术和能源利用水平，成为中国经济发展的一个重大课题。但是，发展低碳、淘汰过剩产能有可能影响中国经济发展速度，短时间内大量关停并转将会增加就业压力，并造成一定程度的经济动荡。因此为了处理好发展与稳定的关系，必须有计划、有步骤地实施工业低碳策略。

（4）低碳技术的落后。作为发展中国家，中国经济由“高碳”向“低碳”转变的最大制约，是整体科技水平落后，技术研发能力有限。尽管《联合国气候变化框架公约》规定，发达国家有义务向发展中国家提供技术转让，但实际情况与之相去甚远，中国不得不主要依靠商业渠道引进低碳技术，这成为中国发展低碳产业的沉重负担。

思考题

1. 查阅资料，从原料、过程、产品端出发，分别在碳减排、碳零排、碳负排技术类别下补充 2～3 个工业生产实例。

2. 根据当前我国纺织行业发展现状，你认为哪些碳中和技术应该率先被推广？

3. 试设想在碳中和时代，水泥在生产全流程中可以采用哪些碳中和技术？

4. 当前水泥行业碳减排技术存在哪些优势和不足？进一步提升这些碳减排技术需要克服哪些难点？举例说明。

5. 水泥生产过程的碳减排技术和直接替代水泥的碳减排技术各有什么特点和优势？其中哪些碳减排技术可以被优先推广？

第 5 章 城市与环境低碳技术

多数学者认为，温室气体排放过多会带来气候变化的重大风险。不断变化的城市发展和交通方式会严重影响二氧化碳排放量，统计显示，美国二氧化碳总排放量中有近 40%与住宅和汽车有关。有专家主张减少个人的碳足迹，以此降低地球环境发生重大变化的风险。为应对环境变化与推动绿色低碳发展，政府正在积极探索低碳发展道路。低碳城市建设对于推动经济高质量发展至关重要，是国家全面绿色转型的内在需求和低碳经济发展中的重要一环。与非低碳试点城市相比，低碳城市的建设可以有效降低碳排放、推动绿色经济发展、促进企业技术创新。2008 年，我国首次提出关于“低碳城市”的理念，同时将上海和保定作为首批低碳试点城市。2009 年，《中国城市“十二五”核心问题研究报告》和《城市蓝皮书：中国城市发展报告》认为，低碳城市建设是“十二五”时期城市发展的核心方向。2010 年 3 月，中国社会科学院公布我国首个低碳城市评估标准体系，该标准体系主要包括低碳生产力、低碳消费、低碳资源和低碳政策四大类，并认为当城市低碳生产力指标高于全国平均水平的 20%时，即为“低碳”。首先，低碳城市主要是基于低碳经济理念，实现低能耗、低污染、低排放的一种经济模式，即在经济快速发展的基础之上，维持较低的能源消耗和碳排放量水平。低碳城市体现在将碳源控制在碳汇的下限。其次，对企业的生产方式进行低碳化处理，以提高资源的利用率，进而达到降低城市碳排放量的目的。最后，政府应积极落实客观、合理的政策和制度，提供完善的制度保障。

5.1 低碳城市现状与研究意义

5.1.1 研究现状

城市是区域碳减排的研究主体，是实现全球碳减排和低碳城市化的关键所在。英国是低碳城市规划的先行者。英国首批设立利兹、布里斯托和曼彻斯特三个低碳规划试点城市，并制定低碳城市规划。英国低碳城市规划的主要实现途径是推广可再生能源应用、提高能源利用效率和控制能源需求，包括减少不必要的能源需求，鼓励可再生能源发电和碳储存。在分析城市碳排放部门的基础上，确定低碳城市规划重点领域为建筑和交通。英国的低碳城市规划以国家减排目标为基准，提出量化指标来促进城市碳排放总量降低，承诺在 2025 年降至 1990 年排放水平的 60%。受地理环境等因素的制约，全球气候对日本的影响远大于其他发达国家。日本提出“低碳社会”理念，积极应对气候变化，积极创建低碳社会。2009 年 4 月，《绿色经济与社会变革》草案通过实施减少温室气体排放等措施，提高日本低碳经济。同时提出了关于实现低碳社会的中长期计划，主要涉及消费、技术和投资等方面。同年 12 月，自民党项目小组汇报的“低碳社会建设推进基本法案”规定“到 2050 年实现本国温室气体排放量减少 60%～80%”。纽约市提出 2030 年碳排放比 2005 年减少 30%，2050 年碳排放比 1990 年降低 80%。

在低碳城市发展理论研究的基础上，中国逐步开展低碳城市建设，旨在探索不同类型城市的低碳发展道路，为未来更好地发展低碳经济和为低碳城市奠定基础。2008 年 1 月，世界自然基金会（World Wide Fund for Nature，WWF）在北京启动“中国低碳城市发展项目”。国内许多省份如上海、浙江杭州、河北保定等都在积极推进低碳城市示范试点工作。上海市从环保建筑方向出发，着力于城市办公楼、商场等大型商业建筑的能源消耗情况，对商业建筑能耗进行调查、审计，以寻找提高大型建筑能源利用效率的途径。此外，建设低碳示范区是上海建设低碳城市的重要手段之一。“十二五”期间，崇明、临港和虹桥商务区被列入低碳示范区计划。通过发展低碳农业，将崇明岛建设为生态示范区；发展低碳产业，推广节能建筑；将临港建设为低碳宜居示范区，全方位推进低碳产业发展，优化城区空间布局；将虹桥建设为上海首个低碳商务社区。杭州市通过低碳经济、低碳建筑、低碳交通、低碳生活、低碳环境、低碳社会的多方位建设，以达到 2020 年单位 GDP 碳排放比 2005 年下降 50%的目标。保定市从可再生能源产业发展的角度，以节约能源、新能源应用和碳排放降低为目标，构建低碳城市的产业支撑体系，重点发展光伏、风电、节电和电力自动化等新能源产业；吉林省立足传统产业的低碳化改造，对重工业型城市的结构进行调整；珠海市推动液化天然气在公共交通中的应用以打造低碳经济示范区。天津市以低碳产业、能源利用、绿色交通和绿色建筑为重点，建立中新生态城。

5.1.2 研究意义

气候变化导致的负面影响主要表现在全球气候变暖、海平面上升以及大气中温室气体浓度升高等方面。2021 年，全球平均温度比工业化前（1850—1900 年）的平均温度高出 1.11℃；海平面上升的速率逐年加快，1993—2021 年全球平均海平面的上升速率为 3.3 mm/a；温室气体的浓度也在不断增加，大气中 CO_2 浓度在 2021 年达到 417×10^{-6}。气候变化带来的负面影响日益凸显，全球可持续发展面临更加严峻的挑战。城市属于资源和能源密集地，在区域发展进程中，城市也成了主要的能源消耗地和温室气体排放源。城市作为低碳发展的重要区域，需要在保持经济增长的同时有效控制温室气体的过度排放，可以通过改变传统能源使用方式、增加新能源占比和提高能源利用效率等方式促进城市低碳发展。城市低碳化发展必将引导城市环境质量的改善和长期的可持续发展。在总结国内外低碳城市理论研究和实践探索的基础上，把握当前国内城市低碳发展的内涵与要求，对碳排放进行量化分析与评价，精准分析城市碳排放的影响因素和现状问题，为有效地指导碳减排工作提供科学依据。同时积极应对气候变化的影响，形成低碳的生产方式和生活理念，对城市低碳发展路径带来可参考的实践价值。

5.2 城市低碳理论基础

5.2.1 可持续发展理论

20 世纪 60—70 年代以后，由于能源危机和经济萧条，人们开始关注经济增长的极限和全球性的环境问题。1987 年，联合国发布报告《我们共同的未来》，“可持续发展”正式提出。对于可持续发展的定义是“既满足当代人的需求，又不对后代人满足其需求的能力构成危害的发展”。可持续发展不否定经济增长，重在资源的利用与替代、再生的协调，生产方式的改进，并以提高人的生活质量为目标。城市尺度上的可持续发展建设多集中于资源型及资源枯竭型城市上，针对资源枯竭型城市的经济、资源环境发展等方面，建议调整升级优化产业结构，以促进中国资源型城市可持续发展能力建设。有学者认为，可持续发展面对的是经济、生态环境和社会为一体的复杂系统，其实质在于利用可持续的管理手段调节该系统的运行过程、演化方向和速度。有学者研究中国能源体系的可持续发展能力建设体系，通过对中国能源体系的供给侧、需求侧、宏观调控和持续发展的潜力投入进行综合分析，发现在供给侧方面，其重点是可再生能源和新能源的开发利用；对于需求侧方面，实施可持续战略的关键点是能源的合理使用，并同时结合调控侧的管理。人口、产业和空间城镇化的不均衡发展是中国在可持续发展过程中面临的突出问题，人口的迁转、产业发展结构和空间可持续发展承载则是改善可持续发展问题的主要方向。城市与资源利用和环境密切相关，在国民经济社会发展占据重要地位，长期发展的环境问题累积和未来发展的低碳要求，使城市的未来发展必须以可持续发展的理论作为指导，以此保持增长潜力。

5.2.2 城市环境承载力理论

随着全球性的人口膨胀和自然资源的短缺，人类与自然界的矛盾日趋尖锐。城市综合承载力主要是由城市的资源承载力、环境承载力和生态系统承载力和基础设施承载力构成。环境承载力是指在特定时期、特定环境状态下，城市环境对人类社会、经济活动的支持能力的限度。承载力理论要求人类结合自然环境可以承受的范围去适应和改善自然环境，以此达到持续发展的目的。1992 年，瓦克纳格尔提出的“生态系统承载力”借鉴了资源承载力和环境承载力的相关方法，内容表现丰富、全面，更接近人类社会系统的特点。一个城市的承载能力主要是指资源和环境的承受能力，在社会发展基础上，农村人口不断向城市转移，增加了城市的承受压力。城市生态系统承受力包括城市系统的自我调节能力和本身发展能力。自我调节指的是自身消化压力的能力，而发展能力指本身可以承受的压力，两者相互依存。每个城市的承载力是不同的，因此，应该针对每个城市能容纳的人口规模和经济规模的大小判断它的承受能力。

5.2.3 生态文明理论

生态文明是在经济社会和环境可持续发展的大背景下，针对工业化和城镇化进程中造成的生态危机和经济危机提出的。生态文明以发展的动态思维考量生态环境破坏、不可再生资源的浪费和过度开发利用的问题，承认资源环境对于经济发展的约束界限，强调利用生态系统的理论来看待问题，其本质在于实现经济发展与环境保护相协调，实现经济增长与资源消耗脱钩。2015 年出台的《关于加快推进生态文明建设的意见》，是关于发展模式全过程的可持续发展做法，并提出针对单位 GDP 的 CO_2 排放强度、水资源用量、水质标准等具体指标的定量化管理标准，其目的在于协同推进新型工业化和信息化、城镇化、农业现代化和绿色化。生态文明的建设发展重点在于国土空间开发、资源消耗规模以及生态环境资源的有偿使用和补偿等方面。党的十八大提出的关于生态文明的理念，使之成为一种重要的治国理念而再次成为理论研究的热点。多数学者认为生态文明的本质在于遵循自然发展、经济增长和社会进步的规律，强调应该用生态辩证思维观察和解决问题。生态文明涉及经济社会环境发展的诸多方面，主要围绕经济增长、资源能源消耗、生态环境保护、社会公平等内容展开，对其研究较多的成果集中在发展理念、组织保障以及行动计划等方面。

关于生态文明的概念较为统一的结论认为，生态文明是对生态环境价值的重新认识，对资源环境容量与经济关系的进一步发展，其核心在于探索经济的合理增长、资源的有效配置与生态环境的保护协调，最终目的在于实现经济增长与资源消耗的脱钩。生态文明从坚持可持续发展的角度统筹经济发展与资源环境之间的关系，是对价值观念、经济水平、生态制度、生态安全、资源环境等的协调发展。有学者分析生态文明所产生的新价值关系，认为其价值观念是人类价值观念发展的必然选择和趋势，生态文明对于经济、社会和资源环境关系的理解，以维护生态环境价值秩序为基本特征，在发展经济的同时承认资源和生态环境的有限性，实质上是对可持续发展观念的进一步发展。关于生态文明系统运行机制的探索，从系统论角度来看，生态文明是有序的生态运行机制和良好的环境所取得的物质、精神和制度方面成果的总和。对于生态文明的本质及特征的把握，强调既要遵循自然规律、经济规律和社会发展规律，又要以可持续发展的理念作为要求，注重调控的综合性、物质的循环性和发展的知识性。此外，从生态文明开展的行动计划和实践途径出发，需要注重经济社会的生产力结构、治理结构以及发展模式等的变革，倡导在经济增长、能源安全背景下选择可持续道路，并通过对资源的有效配置来平衡经济社会和环境的协调发展。

5.2.4 低碳经济理论

2003 年英国政府发表的能源白皮书《我们能源的未来：创建低碳经济》，第一次在国际社会上明确提出了低碳经济的概念内涵，并针对气候变化问题首次明确提出到 2050 年全球碳排放量相较于 1990 年要减少 60%的发展限制目标。经济学家 Stern 从传统经济学的角度将气候变化问题从科学性论证引入经济规律分析和减排成本收益分析，指出全球对促进低碳经济发展的投资每年占 GDP 的 1%时，可以防止未来 5 年 GDP 损失 5%～20%。中国发展低碳经济需要从中国的实际情况和世界经济发展趋势出发，这是实现可持续发展的必然条件。有研究称，中国发展低碳经济是经济成功转型的重要战略选择，低碳经济以可持续发展的要求为基准，通过寻求低耗能的经济生产方式，低排放低污染的环境改善策略，保持生态环境的持续发展。低碳经济的本质是提高能源利用效率和优化能源结构，重心在于能源技术的开发和制度变革，通过转变高耗能、高污染和低产出的粗放的发展方式，最终达到可持续发展对于经济社会和生态环境的目标和要求。此外，也有学者认为，低碳经济主要通过低碳方式寻求全球可持续发展。综上所述，低碳经济旨在通过减少对化石能源的不合理利用，进而达到经济增长方式、能源消费方式以及人类生活方式等的低碳化转变。随着国际化进程的加快和科学技术的快速发展，全球减排的方向日益转向开发提高能源效率的新技术。产业结构可能影响中国低碳经济增长趋势，通过对各省区碳排放与经济增长之间的脱钩关系进行分析，发现各省区经济社会发展水平及条件存在巨大差异，故认为产业结构会影响中国低碳经济增长，强调未来中国发展低碳经济可注重优化产业结构、降低碳排放强度和发展第三产业。此外，能源结构与效率也是影响中国低碳经济增长的重要因素之一，能源是经济发展的基础，经济增长可能会受到能源弹性系数结构、产业结构、能源效率等因素的影响。

总体来说，低碳经济的发展通常体现在低碳能源、低碳产业、低碳生活方式等方面，低碳能源重点在于高碳能源结构的转变和低碳新能源；低碳产业作为低碳经济的载体，关键是构建产业结构的低碳特征和完善低碳技术载体；低碳技术作为减缓和适应气候变化影响的最有利方式，是降低温室气体排放的最有效的支撑；通过生产方式、消费方式和生活方式的转变，旨在从生产生活的全过程中减少能源消费与碳排放，同时有利于中国的资源节约型、环境友好型和低碳导向型社会的建立，引导中国实现可持续发展的路径。

5.3　城市低碳范例

5.3.1　海绵城市

我国已提出“2030年前实现碳峰值、2060年前实现碳中和”的重要目标。在此引领下，城市水系统作为重要的公共设施，其温室气体排放也引起了社会的广泛关注。海绵城市建设是提升城市韧性、增强气候适应能力的关键措施，在未来相当长一段时间内仍是城市建设的重要内容。海绵城市的本质是改变传统城市建设理念，实现与资源环境的协调发展，海绵城市试点建设如图5-1所示。

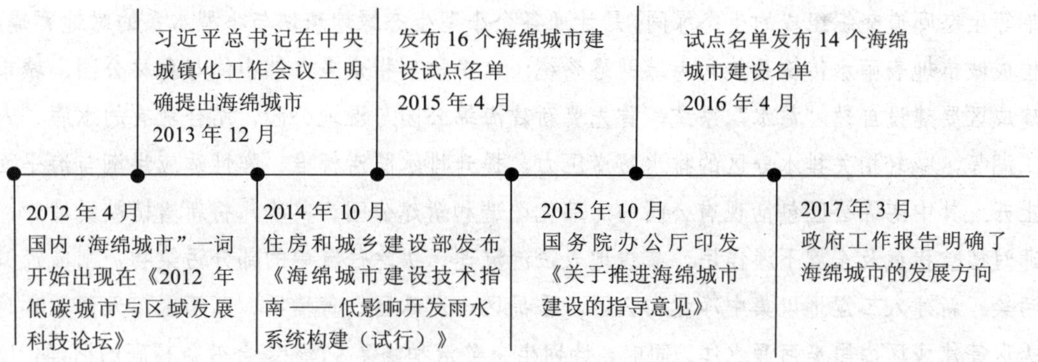

图5-1　我国海绵城市试点建设推进历程

在工业化发展进程中，人们习惯于超越自然、改造自然的城市建设模式，结果造成严重的城市和生态危机；而海绵城市是一种顺应自然、与自然和谐共处的低影响发展模式。传统城市利用土地进行高强度开发，海绵城市则是实现人与自然的和谐共处；传统城市的开发方式会改变原有的水生态，海绵城市则保护原有的水生态；传统城市的建设模式是粗放式的，海绵城市则对周边水生态环境是低影响的；传统城市建成后，地表径流量大幅增加，海绵城市建成后地表径流量则能保持不变。因此，海绵城市建设又被称为低影响设计或低影响开发（low impact design or development）。海绵城市建设城市雨水管理可以有效地减轻城市洪涝灾害，减少面源污染，并促进雨水资源的使用，海绵城市的建设可以促进整体综合效益的过程中发展成为一个可持续发展的城市。

案例：广州市海绵城市专项规划

广州市海绵城市专项规划中提出的总体建设目标是打造高密度建设地区海绵城市建设典范，建设山水共生的岭南生态城市和宜居都市。通过海绵城市建设，综合采用“净、蓄、滞、渗、用、排”等措施，将70%的降雨就地消纳和利用。到2020年，城市建成区20%以上的面积达到目标要求；到2030年，城市建成区80%以上的面积达到目标要求。此外，规划近期广州市水域面积率应达10.15%，远期要达11%以上；森林覆盖率近期应达42.5%，远期达44.15%以上。规划提出以市政设施为基础，以生态廊道及生态基础设施为载体，构建源头、过程、末端全过程管控的分散型海绵系统。新城区、各类园区、成片开发区以目标为导向，全面落实海绵城市建设要求，保护河湖水系等自然生态本底，高标准建设低影响开发雨水设施，提高对径流雨水的控制率。

规划根据水生态基础设施识别及生态廊道体系分析，构建了广州市海绵城市自然生态空间格局：“两区、三轴、四片、十八廊、多核、多网”。其中“多网”是指道路防护绿带等生态廊道交织组成的生态绿网，是连通各个小型生态绿地斑块与小型水系的绿地廊道，构成城市地表雨水传输系统和海绵网络系统；“多核”指众多自然山体与森林公园。城市建成区要建设自然“蓄水”系统，首先要新建海绵公园与湿地公园，结合现有的水库、人工湖等，减轻相关排水分区的排水防涝压力，提升排水防涝标准，弹性适应洪潮与海平面上升。其中海绵公园包括现有公园的海绵化改造和新建公园。其次，将新增植被缓冲带，通过植被拦截及土壤下渗作用，减缓地表径流流速、去除径流中的部分污染物，削减径流污染。新建人工湿地以集中净化白云区、番禺区、海珠区、黄埔区、荔湾区、天河区和越秀区等建成区内黑臭河涌水体。同时，计划生态整治和修复97条综合效益较高的河涌，以重建河涌水生态系统，恢复河流水生态系统服务功能为目标，模拟河流的自然形态与自然生态系统结构，利用乡土植被构建生态驳岸、植被缓冲带等修复河岸生态系统，通过原位生态修复技术、人工湿地等措施修复河涌生态系统。

案例：北京市海淀区海绵城市专项规划

海淀区按照《北京市人民政府办公厅关于推进海绵城市建设的实施意见》开展《海淀区海绵城市专项规划》，指导全区海绵城市建设。规划总目标是要将海绵城市理念贯彻到城市规划和建设的全过程中，综合采取“渗、滞、蓄、净、用、排”等措施，最大限度地减少城市开发建设对生态环境的影响，将75%的降雨就地消纳，实现“小雨不积水，大雨不内涝，水体不黑臭”的综合目标。到2020年年底，城市建成区20%以上的面积达到目标要求；到2030年年底，城市建成区80%以上的面积达到目标要求。海淀区海绵城市建设指标分为六类十二项，以年径流总量控制率、年径流污染控制率、地表水功能区达标率、雨水资源利用率和生态岸线比例 5 项指标作为海绵城市建设重点指标。同时分两个五年建设节点，推进海绵城市建设工作。第一个五年计划的建设期限为2021—2025年，为项目推进激活阶段，实现由规划引领、项目推进向政策机制激活转型，实现城市建成区 50%以上的面积达到目标要求；第二个五年计划的建设期限为2026—2030年，为机制管控深化阶段，以规划制度管控为主约束建设项目，实现城市建成区 80%以上的面积达到目标要求。2030 年以后，海绵城市建设稳步发展，达到海绵城市规划格局。建设海绵城市需遵循以下原则：

（1）遵循生态为本、自然循环原则。注重对城市原有生态系统的保护和修复，降低城市开发建设对生态环境的影响，维系和还原城市雨水的渗透、滞蓄、蒸发、径流等水文特征，保护和恢复降雨径流的自然积存、自然渗透、自然净化，实现雨水自然循环，维护城市良好的生态功能。

（2）坚持系统优化原则。从水生态、水环境、水资源、水安全等方面提出系统控制目标，按照“源头减排、过程控制、系统治理”理念系统谋划，低影响开发绿色设施和灰色传统市政基础设施相结合，实现城市水系统的优化和城市宜居品质的提升。

（3）遵循因地制宜、分类推进原则。针对海淀区自然地理特征、规划建设条件和水问题需求，合理制定海绵城市建设目标指标，因地制宜地采取“渗、滞、蓄、净、用、排”等海绵措施。坚持集约节约、经济适用、统筹推进，新建项目要按照海绵城市建设要求系统实施，既有建成区要结合城市更新有序推进，做到功能性、经济型、实用性有机统一。

（4）坚持规划引领、统筹协调原则。全面协调海绵城市规划与相关规划的关系，将海绵城市建设要求纳入城市规划蓝图，科学设定规划管控指标，并通过城市规划管理手段有效落实。全面制定水安全保障规划以构建源头、过程和末端全过程控制的雨水排水体系、水环境改善规划以控制面源污染，形成径流污染全过程的管控、水生态修复计划以控制雨水径流，维持开发前后水文状态和水资源利用规划以加强非常规水资源利用，充分挖潜浅山地区的雨洪资源，促进雨水收集利用，建立持久长效的资源化体系。

5.3.2 无废城市

现代经济社会发展面临资源日益枯竭的巨大压力，与此同时，资源过度开发以及未得到充分利用即被废弃，由此产生的固体废物堆存或填埋需求占用了大量土地资源，增加了环境风险。据统计，全球城市固体废物产生总量将在2050年翻倍，特别是对于发展中国家，由于仍面临经济发展的巨大内在需求，城市固体废物快速增长对生态环境保护、环境健康风险防范构成严峻挑战。随着世界主要城市的人口密度的增加，传统的城市发展模式无法适应现在的需求，多个国家相继提出了“循环经济”“可持续发展”理念，并开始不断地进行实践和探索。2018年12月发布的《“无废城市”建设试点工作方案》将“无废城市”定义为以创新、协调、绿色、开放、共享的新发展理念为指导，通过推动形成绿色发展方式和生活方式，最大限度地推进固体废物源头减量和资源化利用，将固体废物填埋量降至最低的城市发展模式。

我国将“无废城市”定义为“零废物”，是对其理念和实践经验的继承和发展，将“无废城市”所要解决的固体废物减量化、资源化、无害化的理念和需求与经济社会的可持续发展的需求有机融合。我国“无废城市”试点建设推进历程如图5-2所示。“无废城市”建设已成为推动城市可持续发展和固体废物可持续管理的必然选择和重要抓手。“无废城市”的建设不仅局限于经济领域和消费领域固体废物问题，它在发展需求的客观规律基础上，将固体废物减量化、资源化、无害化的需求融入社会治理、产业布局和产业结构升级的各个层面。由于发展过程的不确定性，试点工作筛选了不同发展定位、不同发展阶段、具有典型代表意义的城市开展探索。根据试点要求，2020年的总体目标为通过在试点城市深化固体废物综合管理改革，形成可推广的“无废城市”建设模式，为我国全面推行“无废城市”建设奠定坚实基础。“无废城市”建设试点是“无废社会”建设的初始探索阶段，是为了研究符合我国基本国情的“无废社会”建设的战略目标和发展路径。

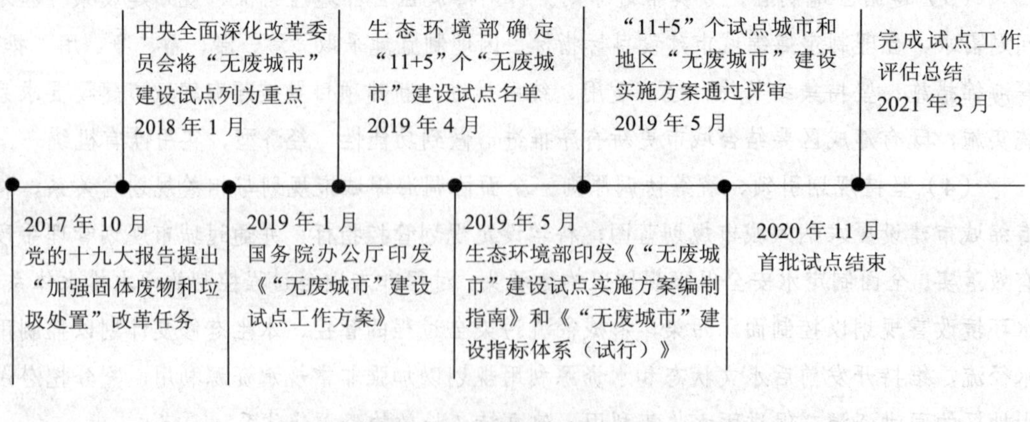

图5-2 我国“无废城市”试点建设推进历程

“无废城市”的远景目标是实现整个城市固体废物产生量达到最小值，实现资源化利用充分和处置安全。目前，我国固体废物处理处置产能不足，特定种类固体废物处理处置能力存在结构性缺口。许多地方固体废物产生种类、总量与其处理处置能力不相符合，某些地区的许多类别固体废物的处理处置能力有富余，有些地区却又存在短缺。通过开展区域协同治理，有助于化解固体废物综合利用及无害化处理能力的区域供需失衡和结构性短板问题，也有助于遏制固体废物跨区域非法转移、倾倒等环境污染事件。我国首批“无废城市”试点建设取得了阶段性成果，但仍面临缺乏战略规划和顶层设计、法律法规体系不健全、经济激励和市场化机制不完善、技术创新不足等诸多挑战。结合未来我国经济社会发展与城市群发展、生产与消费的结构性变化等趋势，充分考虑全面提高资源利用效率等要求，兼顾区域发展不均衡等因素，制定我国中长期“无废城市”建设的战略规划，明确总体目标、路线图、时间表和优先序；坚持合理全面和有差异原则，因地制宜，分地区、分领域选择城市“无废”转型的实施路径和配套措施；在碳中和转型发展新格局下，进一步扩展和深化“无废城市”试点工作，突出降碳的引领作用，加强城市固体废物综合治理与“双碳”目标行动方案的协同。

案例：绍兴市全域“无废城市”建设

2022年10月11日，为贯彻落实《“十四五”时期“无废城市”建设工作方案》和《浙江省全域“无废城市”建设工作方案》，绍兴市人民政府办公室印发《绍兴市全域“无废城市”建设实施方案》。随着经济的发展和城市的转型，绍兴市的生活垃圾和建筑垃圾也不断增长，其大部分生活垃圾经收集后以焚烧发电的方式进行资源回收，资源化利用方式单一；而建筑垃圾由于缺乏再利用技术，大部分建筑垃圾仍堆存在城市中。从循环经济的角度看，固体废物管理在宏观尺度的实践就应该是城市共生。根据方案计划，绍兴市从加快固体废物利用处置设施建设入手，基本实现固体废物产生量与利用处置能力相匹配，着力提升固体废物源头减量和资源化利用水平。力争到2025年，全面完成“十四五”时期“无废城市”建设任务。具体表现为全市固体废物产生强度明显下降，资源化利用水平明显提升，无害化处置得到有效保障，环境风险得到有效防范，固体废物治理体系和治理能力得到明显提升。绍兴市“无废城市”建设通过以下几个方面展开。

（1）强化源头减量，实现固体废物应减尽减措施。以削减固体废物产生量为目标，全面实施以“三线一单”为核心的生态环境分区管控体系，有效遏制高能耗、高排放项目盲目发展，优化能源结构和产业结构，加快淘汰落后产能；深化传统产业转型升级，打造“无废印染”产业模式，提升印染行业固体废物减量化和资源化利用水平，实现印染、化工等传统产业升级式集聚、集约化发展，到2025年，全面完成印染化工跨区域集聚提升；

构建循环利用体系，深入推进省级传统产业改造提升分行业试点，打造具有标识度的传统产业示范地；推动园区内物料闭路循环，实现固体废物循环利用；推进生活方式绿色低碳转型。

（2）提升分类意识，实现固体废物应分尽分。全面实施生活垃圾强制分类，规范设置居民区、党政机关、企事业单位、社会团体、公共场所、道路沿线等分类收集容器和投放点。强化工业企业和医疗卫生机构源头分类管理，督促产废企业建设规范的储存场所，对产生的固体废物实施分区分类储存，落实固体废物台账管理制度。

（3）规范收集体系，实现各类固体废物应收尽收。健全小微企业危险废物收运体系，完成小微源危险废物精细化管理和服务体系建设试点；完善医疗废物收运体系，持续推进医疗废物“小箱进大箱”收运模式，建立健全与疫情响应级别相适应的涉疫固体废物应急收集运输响应机制，强化涉疫固体废物应急运输能力保障，确保医疗废物、涉疫固体废物及时收运；完善生活垃圾收集体系，完成垃圾中转站和清运车辆提档升级，所有老旧中转设施完成提标改造。所有分类运输车辆实现车载定位、转运实时监控等设备全覆盖；完善农药废弃包装物和废旧农膜回收处置模式，优化农药废弃包装物回收网点设置，实现回收点和规范化仓库全市域覆盖。构建由政府、企业、农户共同参与的废旧农膜回收利用体系，到 2025 年，废旧农膜回收率达到 85%以上，农药废弃包装物回收率达到 95%以上、处置率达到 100%。

（4）完善资源化利用体系，实现固体废物应用尽用。打造工业固体废物循环利用体系。全面提升危险废物资源化利用水平，编制危险废物综合利用攻坚方案，加快建设生活垃圾焚烧飞灰、工业废盐综合利用等项目；推进建筑垃圾和生活垃圾资源化利用，将符合标准的建筑垃圾资源化产品列入新型墙材、绿色建材等目录，推动经处理后的建筑垃圾在土方平衡、林业用土、环境治理、烧结制品及回填等领域的应用。将建筑垃圾再生产品应用纳入“绿色建筑”“绿色建造”等评价体系。到 2025 年，建筑垃圾综合利用率达到 90%以上；提升农业固体废物资源化利用水平，通过肥料化、饲料化、基料化、燃料化等形式，推动秸秆资源化利用。

绍兴市督促危险废物产生和经营单位制订清零方案，做好环境隐患排查，切实防范环境安全风险。强调统筹辖区内固体废物利用处置设施布局，将一般工业固体废物、危险废物、生活垃圾、建筑垃圾和农业废弃物等固体废物分类收集、资源化利用和无害化处置设施纳入环境基础设施和公共设施范围，保障设施用地，全面构建集处理处置基础设施和监测监管能力于一体的环境基础设施体系。

案例：宁波市全域“无废城市”建设

为深入贯彻落实《浙江省人民政府办公厅关于印发浙江省全域“无废城市”建设工作方案的通知》，宁波市人民政府办公厅印发《宁波市全域“无废城市”建设实施方案》，以推动宁波市积极开展“无废城市”建设，强化固体废物治理能力。以创新、协调、绿色、开放、共享的新发展理念为引领，以固体废物减量化、资源化为重点，全面形成“全类型、全覆盖、全过程”的固体废物分类处置和资源化利用体系，建成“源头管理精细化、储存转运规范化、过程监控信息化、设施布局科学化、最终处置无害化”的“无废城市”建设宁波模式。将从以下几个方面展开工作。

（1）降低工业固体废物产生强度。加快绿色低碳转型升级，推动先进制造业产业集群发展，深化推进重点传统制造业绿色低碳改造，实施淘汰落后产能攻坚行动。深入推进强制性和自愿性清洁生产审核，加强绿色示范创建和园区循环化改造，协同绿色工厂、绿色园区与无废工厂、无废园区等建设，试点开展镇海炼化“无废石化基地”建设，推动清洁能源和非化石能源发展。同时优化分类收运分拣体系，拓宽综合利用处置途径，推动生活垃圾焚烧等行业设施协同处置工业固体废物，基本实现全市工业固体废物处置需求与处置能力相匹配。

（2）提升农业固体废物利用水平。推进农业绿色循环发展，加快推动现代生态循环农业发展，完善农牧对接“一县一案”，持续推广绿色发展模式。建设“肥药两制”改革精准管控系统，建立改革生产主体的“一户一档”数据库。到2025年，化肥农药使用量保持零增长。健全秸秆分类收运体系，完成35个标准化秸秆收储中心建设。积极引进试验、示范推广加厚地膜和全生物降解膜，建立废旧农膜“以旧换新”等激励制度。到2025年，农膜回收率达到90%以上，农药包装废弃物回收率达到90%以上。提升资源利用处置水平。加强规模养殖场粪污处理配套设施建设，规范染疫畜禽及其排泄物等病害畜禽和废弃物无害化处理。到2025年，秸秆综合利用率达到96.5%以上，畜禽粪污资源化利用和无害化处理率达到98%以上。

（3）加快生活垃圾源头分类减量。践行绿色生活方式，引导公众践行简约适度、绿色低碳、文明健康的生活理念和生活方式；健全生活垃圾分类体系，建立健全评估机制，分批升级改造生活垃圾转运站，完善分类投放、收集、运输和处置的生活垃圾处理系统，提升分类精准率。到2025年，城镇生活垃圾回收利用率达到35%；完善废旧物资循环利用体系，推动一般工业固体废物、生活垃圾和再生资源收运“三网融合”；推进塑料污染全链条治理，加大塑料污染治理力度，深入开展塑料污染全链条治理专项行动，开展江河湖海塑料垃圾清理。在前期禁限塑工作基础上，到2025年，禁止使用不可降解塑料袋、不可降解一次性塑料餐具实施范围覆盖城乡接合部、乡镇和农村的农贸市场及餐饮外卖领域。

（4）促进建筑垃圾多维综合利用。推广绿色建筑技术，全面执行建筑垃圾限额排放标准，推广应用绿色建筑新技术、新材料、新工艺，加快推进装配式建筑。到2025年，新开工装配式建筑面积占新建建筑面积比例达到35%；建立健全分类处理制度，以建筑垃圾五分类原则为基础，推动建筑垃圾分类投放、收集、运输、处置，到2025年，建筑垃圾综合利用率达到90%以上。

（5）增强危险废物安全处置能力。强化落实源头管控措施，健全小微企业危险废物集中收运服务体系，推动收运平台提质扩面；加快利用处置设施建设，全面推动危险废物处置设施提档升级，加快生活垃圾焚烧飞灰等危险废物资源化利用项目建设，到2025年，提档升级完成率达到50%；提升环境风险防控能力，完善危险废物转移管理制度，加强产生单位和经营单位规范化管理，到2025年，危险废物规范化管理抽查合格率达到100%，危险废物经营单位环境污染责任保险覆盖率达到100%。

5.4 城市低碳存在的问题与挑战

5.4.1 地区行业趋同性高，区域集约化和规模化水平低

城市缺乏区域性低碳能源供应为核心的多能源协同战略规划。高碳能源替代规划未形成，天然气等清洁能源各自独立规划，跨区域清洁能源输送规划严重滞后，没有形成供需协同、高效利用的低碳能源供应结构和体系。产业的趋同性指区域内产品的趋同性严重，降低了高投入、高耗能的产业生存空间，资源依赖型的产业不利于区域整体发展。企业的规模较小且分散，不能形成规模化、集约化的地区生产以及对能源利用的程度不充分，容易造成资源和能源的浪费。在产业集聚方面，以河南省济源市为例，目前虽已经建设形成玉川、虎岭、高新技术三大省级产业集聚区和玉泉、梨林、邵原三大市级特色产业园区，但产业集群和特色产业园区发展不足，产业间、产业与社会的耦合性差，由于基础设施不完善，资源共享程度较低，上下游和外围服务企业配套不足，企业间由副产物和废弃物形成的互补关系较弱，产品生产配套能力不强。

5.4.2 产业结构和能源利用结构不合理，新能源和可再生能源开发使用较少

就济源市而言，济源市产业结构中以有色金属、黑色金属、电力热力生产等资源能源密集型产业为主，高消耗、高能耗、粗放型增长特征比较明显，导致其节能降耗、减排降污的任务较重。工业生产的主要能源供应煤炭属于高碳能源，太阳能、风能等低碳非化石能源产业在其产业结构中占比小，优化能源结构，发展非化石能源产业存在一定

的难度。主导产业中钢铁、铅锌属于高耗能、高耗水行业，产业结构不合理，资源主导型、粗放型增长的工业经济特征明显，煤炭、电力等能源基础产业和以农产品为原料的初级加工业所占比重依然过大。粗放型的经济增长模式、高耗费的经济开发模式、重污染的产业结构特征，以及资源型产业不断扩张的发展趋势，使节能减排工作面临较大的压力。

5.4.3 人口集聚效应凸显，资源能源需求大

城市经济总量的增长，使行业能耗也有所增加。合理利用有限的能源资源，以可持续发展的要求指导城市的建设，调整产业发展结构，提高可再生能源在能源消费中的比例，并不断完善能源利用的管理机制体制，以提高空间利用效率和产出。对于工业型城市而言，在长期经济增长的情况下，普遍存在资源承载不足和环境负荷超标的现象。经济发展多依赖资源，产业结构单一会导致经济效益低下，加之资源环境和碳排放等条件的约束，城市低碳发展规划的推进存在一定的现实困难。工业行业以资源能源消费为主，过度依赖资源的产业结构将直接导致环境受损，但外向型、出口型的低端产业位置，短时期内仍然无法完全摆脱对资源的依赖性。

5.4.4 可持续发展下的城市低碳发展挑战

5.4.4.1 低碳城市规划与建设

有学者认为，低碳城市的建设要满足经济的高速发展与能源的低消耗和低碳排放，城市空间布局是紧凑型和网络式的，可使废弃物实现循环利用。低碳城市规划是在碳排放约束下的一种可持续发展模式，编制城市低碳发展规划，可以有效发挥规划的综合引导作用，真正将低碳理念落到城市的规划建设实际中。低碳城市应当满足可持续发展的要求，从规划层面推进可再生能源建筑应用，包括建筑节能改造、大型公共建筑节能改造和推行绿色建筑和超低能耗建筑。部分学者认为，紧凑城市的空间发展模式有利于减缓城市碳排放，其对城市土地和空间资源进行有效配置，核心在于规划建设、生活方式与城市运行系统之间的协调发展。低碳城市建设规划应考虑低碳生产、低碳建筑、低碳交通、增加碳汇等方面，在制定城市建设规划前应充分了解城市自身的经济社会发展现状，分析能源消费与产业结构以及城市资源、环境承载能力，找出城市低碳发展的优势和不足，明确今后的建设发展方向。

5.4.4.2 低碳城市运行

碳排放与碳减排是低碳城市建设的重要主体，也是在践行低碳城市建设的具体实施。

中国城市向低碳转型的过程中面临碳生产力水平低、碳排放强度高、人口增长、城镇化快速推进等重大问题。低碳城市的运行强调低碳规划监督实施，通过促进生活方式低碳化，从不同层面协调发展的一项系统工程。有研究提出低碳城市的发展既要保证经济高速发展，又要保持能源需求和碳排放处于较低水平，需要城市将可持续发展的思想作为生产和消费的基础。建设低碳城市，应从城市生产和消费两方面入手，在电力、交通、建筑等领域开发低碳技术，最大限度地减少化石能源的消耗，发展低能耗、低污染的低碳经济。有学者提出在低碳经济的基础上，理解低碳城市的内涵，低碳城市的实质在于寻求降低温室气体排放和保证经济的发展速度以及人们的生活质量之间的平衡点，应当满足经济的高效性和集约性，发展目标动态变化和区域协调等基本特征。低碳城市以推行低碳经济，实现低碳甚至是零碳排放。

5.4.4.3 实现经济增长和低碳发展同步增长

在经济发展的同时减少资源消耗和不良环境影响的现象称为“脱钩”。这种现象可通过数量关系表明经济发展与资源消耗的内在联系，可用于定量面板数据的横向比较，能够预测区域发展和碳排放量的趋势，是评估区域可持续发展的重要手段。通过研究在开发性能源技术创新和体制创新的有效利用能源，实现减少碳排放和可持续经济发展的重要目标。低碳经济主要体现在资源控制、目标控制和过程控制的结合上。低碳经济是经济发展方式、能源消费方式、人类生活方式的一次新变革，低碳经济的实质是提高能源效率和清洁能源结构，核心是能源技术创新和制度创新，就是最大限度地减少煤炭和石油等高碳能源消耗的经济，建立以低能耗、低污染为基础的经济。

5.4.4.4 提高技术水平和能源利用效率

工业型城市碳排放主要问题是关于能源的利用，这些城市大多使用煤炭等化石能源进行工业的生产与制造，发热值低同时 CO_2 等温室气体排放量大，加之技术水平和生产工艺落后造成工业能效低，导致能源消费总量大，甚至存在能源利用不合理而产生的浪费现象。实现低碳生产就必须坚持实行循环经济和清洁生产。循环经济是一种与环境和谐的经济发展模式，它要求把经济活动组织成一个资源到产品最后返回到资源再利用的反馈式流程，反馈式流程的特征是低开采、高利用、低排放甚至是零排放。此外，该反馈式流程还能将所有的物质与能源在经济和社会活动的全过程中不断进行循环，并得到合理和持久的利用，以把经济活动对环境的影响降到最低限度。

5.4.4.5 优化能源消费结构

能源需求是城市整体系统运行的基本条件，天然气比煤炭更清洁，风能、太阳能等可再生能源本身被认为是不会造成环境污染的。低碳城市建设需要积极探索和大力发展新能源，提高可再生能源在能源结构中的比例，最终提高能源的有效利用率。但新能源的使用也有一定的制约因素，如风能由于与电网发展不协调等原因，不能完全被电网消纳，加之储能技术还不够成熟，最后出现了不仅没有利用风能发电的优势，反而造成设备浪费的情况。因此对可再生能源的推广使用还存在许多问题，因地制宜地提高可再生能源占一次能源中的比重是未来低碳发展需要考虑的一个问题。

5.4.4.6 优化产业结构、调整能源发展结构

低碳城市建设的物质目标是低碳能源。在“碳达峰、碳中和”背景下，能源行业能否脱碳是实现碳中和的关键，使用新能源代替化石能源是一种可行的方案。城市低碳能源脱碳可从优化能源结构，控制煤炭消费总量、降低煤炭消费比重，提升可再生能源等清洁能源比重入手，围绕控制煤炭过度消耗、扩大城市无煤区范围、有序发展风能和太阳能、提升生物质能利用水平、积极开发其他可再生能源等能源高效节约方法展开。积极引导传统产业的技术进步和升级改造，加快发展先进制造业和培育战略性新兴产业，建立循环经济产业基地，以促进循环经济的发展。推进煤炭清洁利用，加快推进天然气利用，在保障安全和质量的前提下发展核电，对风能、太阳能等新能源因地制宜地加强开发利用度。积极开展企业清洁生产审核的同时，加大对淘汰落后产能工作的财政扶持力度。此外，也需进一步加强电网建设，积极发展智能电网，推行工业园区和产业园区的集中供热，促进分布式能源系统的推广应用。

思考题

1. 针对目前低碳城市的现状，谈谈你的看法。
2. 简述城市低碳理论基础。
3. 与传统城市相比，海绵城市的特征有哪些？请展开说明。
4. 如何理解“无废城市”的含义？以绍兴市为例。
5. 简述城市低碳存在的问题与挑战。

第三篇

生态与环境经济学

第6章　生态文明与生态经济

生态文明是追求可持续发展道路的必然趋势，它以尊重自然、保护自然为宗旨，追求人类、自然、社会的和谐发展，最终实现生产、消费的可持续发展。习近平总书记提出的“绿水青山就是金山银山”的生态文明思想理念，强调了处理好生态文明与经济发展之间的平衡关系，旨在不破坏环境的前提下，努力实现生态价值向经济价值的高效转化。生态文明建设是中国特色社会主义事业“五位一体”总体布局的关键环节。党的十七大会议上，“建设生态文明”被首次提出，而党的十八大会议更加强调应该“大力推进生态文明建设”，形成了新时代中国特色社会主义生态经济理论，并将生态文明建设理念纳入“五位一体”总体布局，使其达到了史无前例的高度。经过多年努力取得了举世瞩目的成就，完美诠释出生态文明思想的经济价值，为世界经济的新发展格局以及环境问题的处理提供了中国思路。由此可见，在人类命运共同体的发展历程中，生态文明起着举足轻重的作用。营造健康的生态环境是最终实现共同富裕伟大目标的重要条件，坚持生态经济协调发展、绿色发展是以高质量发展推动共同富裕的重要内容。生态经济的高效发展是避免或缓解生态经济问题，创建人与自然和谐共生的重要手段，最终其本质在于实现共同富裕。生态经济与生态文明是相互促进、相互成就的关系，生态文明建设实现了民众对美好生活的追求，同时促进了高质量、可持续的经济发展，也促进了可持续经济与高质量生态环境的“双赢”之路。

6.1　生态环境问题

生态环境是指自然环境中影响人类和其他生物生存和发展的一切外界条件的总和，它由生物因素和非生物因素共同组成，如动物、植物、微生物以及光、温度及水分等。在大自然中，各种因素并不是孤立存在地对人类及其他生物起作用，它们相互联系、相互影响，并作用于人类和其他生物。所以生态环境一旦出现问题，其影响广泛且深远。目前，生态环境问题主要是指因生态系统平衡遭到破坏后，生态系统的结构严重失衡、功能出现严重失调，进而影响人类的正常生存及发展的现象。生态环境主要包括农业生态环境、工业生态环境及城市生态环境，它们对人们日常生活均存在直接或间接的影响。

6.1.1 农业生态环境问题

民以食为天，农业既是保障国民基本生存的基础也关乎国民经济的发展，因此农业生态环境是应该关注的头等大事。农业生态环境是指影响人类社会生存和发展的生物资源、土地资源、水资源以及气候资源等的总称。农业生态环境的优劣将直接或间接影响发展农业经济、推进生态农业、保障农产品安全等。当农业生态出现破坏、农业环境发生污染以及农业必要资源出现短缺时，农业生态环境系统则因系统不平衡出现农业生态环境问题。

6.1.1.1 我国农业生态环境问题

现阶段我国农业生态环境问题主要包括以下五个方面。

（1）地形复杂，人均占有面积低。我国复杂的地形（如山地、高原、丘陵、冰川等）在自然外力以及地壳运动作用下，易发生诸如滑坡、泥石流等自然灾害，进而影响正常的农业耕作活动。

（2）水土流失严重。我国多山且部分土质因难以实现植被覆盖，从而极易出现因水力侵蚀，表层裸露土壤流失而导致表层营养物质大量流失、土壤贫瘠的现象。随着可利用耕地面积的减少，可持续农耕生产降低。《2021 年中国生态环境状况公报》显示，我国现有 269.27 万 km^2 的水土流失面积，其中风力侵蚀导致的水土流失面积（157.27 万 km^2）较水力侵蚀导致的水土流失面积（112 万 km^2）更大。

（3）水资源匮乏，水污染问题突出。我国水资源整体呈现出总量大、人均不足且地区分布不均的现状，这使我国水资源较为匮乏。同时，因前期社会经济高速发展和环境治理技术的短缺，造成我国水环境问题较为突出（图 6-1）。这些将导致农业用水量减少、农业用水水质不佳，不利于农业的良好发展。

（4）土地沙化。第五次全国荒漠化和沙化监测结果显示，截至 2014 年，我国重度与极重度沙化土地占全国沙化土地总面积的 70.09%，逐步压缩了可利用的耕地面积，对农业生态环境产生不利影响。

（5）生物多样性减少。生物多样性随着人为开发、农药及化肥的过量使用等而降低，这使农业生态系统的稳定性下降，进一步加大了农作过程的难度。农业生态环境的破坏将可能减缓农业生产的进步与发展，并最终阻碍社会经济发展。

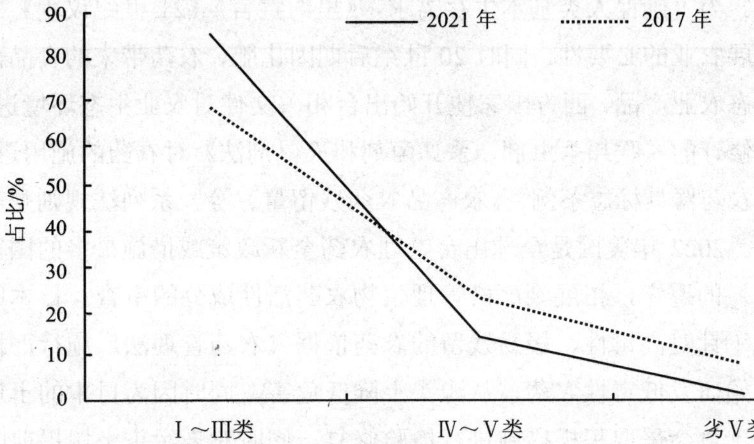

图 6-1 全国地表水总体水质状况

资料来源：《2017 年中国环境状况公报》《2021 年中国生态环境状况公报》。

针对我国生态农业环境问题现状，研究人员从本源上具体问题具体分析，提出解决方案。首先，开展农业种植规范化管理。在种植期间，严格控制农药、化肥的施用量，依据不同地形、不同产品等划分不同的施用标准，以科学剂量提高农药、化肥的有效利用率，通过科学手段研发新型农用化学品，降低环境、生物毒害性，同时积极推广有机肥、化肥的混合施用，降低对化肥产品的使用量。其次，科学规划畜禽养殖基地。畜禽养殖是农业经济的主要构成部分，但在后期运营过程中常因前期选址不利、建设规划不合理及后期管理不当带来一系列环境问题。诸如选址应该考虑周围常住人口数量、用水来源以及是否存在工业区，降低对外部环境影响的同时尽可能地避免对养殖基地产生其他污染。最后，需要完善农业生态环境问题的相关法律法规。如《农用薄膜管理办法》于 2020 年 9 月 1 日起施行，对农用薄膜从生产到使用后的回收以及监管部门的工作都进行了具体规定，《2021 年中国生态环境状况公报》显示我国农膜回收率稳定在 80%以上。2021 年 9 月 1 日起施行的《中华人民共和国土地管理法实施条例》则更加完善了农用地转用的适用情形及具体操作，其目的在于提高土地利用水平和持续使用性。

6.1.1.2 国外农业生态环境问题

国外在工业革命后也意识到了生态环境的重要性。西方的农业生态问题比国内更早凸显，他们在传统农业的基础上发展出如生态农业、生物农业及有机农业等新型农业模式。

发达国家在 20 世纪 60 年代发现“人口—资源—经济”危机的主要导向是人与自然的不和谐问题，如工业发展带来的大气、水环境污染加剧、土壤荒漠化等环境问题制约着农业的正常发展。为了确保人类基本生存需求，《里约宣言》《21 世纪议程》等相关文件确定了可持续发展农业的必要性。同时 20 世纪后期因化肥、农药带来的食品问题也警醒大众更加追求生态农业产品，西方国家便开始出台相关文件对农业生态环境进行保护，如美国推出并多次修订的《联邦杀虫剂、杀真菌剂和灭鼠剂法》对农药的施用进行管控，而后续的《农药和农药器具标志条例》《农产品农药残留量》等一系列法规则是美国对农药管理成功的关键。2022 年美国是全球出台管理农药全新政策或措施最多的国家，由加强对《濒危物种法》的遵守，拓展到严格管理生物农药活性成分的审查。日本则从两方面进行农药管理：①针对高毒性、极易残留的农药依据《农药管理法》施行严格管控；②在技术层面也开始研发低毒性农药，从源头上降低危害。同时因为日本的土地面积不足，他们针对污染土壤会采取积极措施进行检验修复，同时对未污染土壤提前防控，避免重金属在土壤中的大量积累。

6.1.2 工业生态环境问题

工业革命让世界由蒸汽时代、电气时代进入科技时代，这促使世界经济得到飞速提升，但同时也带来了诸多的环境问题，如全球八大公害事件中大气污染导致的马斯河谷烟雾事件、洛杉矶光化学烟雾事件、多诺拉烟雾事件、伦敦烟雾事件及四日市哮喘事件等，水污染带来的日本水俣病、痛痛病事件以及其他污染事件，多数是因为 20 世纪甚至更早的工业发展仅注重推动能源、经济的快步前进，对存在的、潜在的、不可逆的环境危机缺乏重视所造成。近年来，全球超过 130 个国家或地区开始将碳达峰、碳中和作为国家目标，这就意味着全球基本达成了碳中和共识，以迎接一个全新的、低碳的、绿色的工业环境。

6.1.2.1 我国工业生态环境问题

我国在工业化前、中期时，传统工业发展模式仍然是主导，即认可环境库兹涅茨曲线（EKC）的观点，经济得到发展后，环境必然会得到改善，促使“先污染、后治理”成为当时优先发展工业的理论支撑，也积累了诸多历史遗留的生态环境问题。同时，相关部门在环境管理、执法上职责划分不清晰、管理不严，并且在发展上尚无完善的规划和安排，使我国工业发展呈现出“点多、线长、面广”的状况，对生态环境破坏严重；产业结构成型难以迅速调整，形成“边发展边治理”或“先治理再发展”的格局。

当前，结合国内工业发展特点，提出从产业结构转型出发，积极推进“以信息化带动工业化、以工业化促进信息化”的新型工业化发展战略。首先，在国家的“十一五”规划中提出要将 GDP 能耗缩减到上一个五年的 80%，最终实现资源节约型、环境友好型社会。同时出台（或修订）了《中华人民共和国清洁生产促进法》《中华人民共和国固体废物污染环境防治法》等法律法规，尽可能减少及避免工业生产过程污染的产生，以及规范不可避免的污染物的处理与处置。其次，针对开发过度的地区或重污染行业，加大资源开发利用的管控，对不合理开发或造成严重生态环境问题的现象加以严惩。最后，工业转型是一个循序渐进的过程，应当依据当地工业特点积极借鉴国内相关的成功案例。例如，《中华人民共和国环境保护法》的颁布标志着我国环境保护进入依法管理阶段。习近平同志指出生态经济体系要以产业生态化和生态产业化为主体，但需要注意污染治理成本与环境效益、自身收益之间的最佳平衡点，循序渐进，进而更好地推动重污染企业的创新发展及转型。同时，也还需要加强国际交流，汲取国外的有效经验、技术、人才等，积极开展多方面的合作，为我国的工业生态转型增加能动性。

6.1.2.2　国外工业生态环境问题

西方国家的工业进程远早于中国，但由于八大公害事件造成了环境、人口的不可逆危害，让发达国家开始警醒并注意到污染防治问题。早期，出现的燃煤、汽车尾气等造成的大气污染、工业废水的肆意排放造成的水污染以及工业生产过程中的固体废物带来的污染问题，促使西方发达国家开始为创造或恢复一个适宜的生存环境而开始承担生态环境治理、保护的职责。他们之所以取得成功除了积累的经济实力能够提供更多的治理技术外，更关键的是他们注重从法律层面来建立完整的法律体系，并在此基础上指引生态环境治理。

200 多年前，英国在工业革命中大量使用化石燃料所带来并延续至今的制造业和贸易的优势，使它成为世界第一个实现工业化的国家；但也导致英国出现了著名的“伦敦烟雾”重大污染事件。这主要是燃煤过程产生的含有大量 CO_2、CO、SO_2 等烟尘的气体笼罩在冬季无风的伦敦市上空，味道刺鼻、能见度降低。最终证实，因为燃煤带来的大气污染问题严重损害了当地居民的呼吸系统及身体健康。当地呼吸系统类疾病发病率远高于世界其他地区。由此，英国于 1956 年出台了《清洁空气法案》(2017 年修订)，这也是全球首部关于大气防治的法案，目的是以此约束燃煤烟气的排放以及无烟煤的推广。后续的一系列相关法律法规的出台，加上民间环保组织的大力宣传，不断提升了公众的环境保护意识。工业革命的发展对英国泰晤士河也造成了水污染，为了控制并治理水体污染、缓解本国水资源紧张问题，英国于 1876 年颁布了世界第一部水污染防治法律——《河流污染防治法》。后续为了构建完整的水污染防治体系，接连出台了包括《河流防止污染法》(1951)、《河流（港湾和潮水）清洁法》(1960)、《河流污染防治法》(1961)、《水资源（环境影响评价）附属法规》(2003)、《未来之水——政府的英格兰水事战略》(2008) 等法律法规。此外，工业生产过程中所残留的固体废物不仅影响着土地、水体安全，最终也会威胁人体健康。因此，英国在《污染控制法》(1974)、《环境保护法》(1990) 中提及了固体废物的污染防治，而《废物管理许可证管理条例》（1994）以及《废物管理文件》（2003）对于固体废物的处理与处置工作进行了更为详细的表述，推进了固体废物的高效治理。近十年，英国作为第一个以法律形式确立减排目标和碳中和战略的国家更是注重能源转变，出台或修订了如《英国能源法》《清洁增长战略》《绿色工业革命十点计划》及《能源白皮书：推动零碳未来》等法律法规、政策。

6.1.3 城市生态环境问题

6.1.3.1 我国城市生态环境问题

我国的城市生态环境问题主要是由于城市化进程加快，产生的过量生活垃圾等固体废物处理能力不足，诸如人口增长带来的生活垃圾（固体废物）量增加、机动车辆增加、植被破坏、物理污染严重以及工业的快速发展产生的大量废弃物等对城市水体、大气环境造成不良影响，以及土地利用不当带来的土壤污染，从而加重城市生态环境的破坏及自然资源的浪费。城市经济发展受限于异常脆弱的城市生态环境，其原因可能是民众环保意识缺失或不完善、环保相关法律法规实施力度或应用范围存在的一些不足等。

为了解决上述问题，目前主要是从以下几个方面进行改善：①增大城市绿化覆盖面积。因地制宜种植草坪、花、树等，以此提高城市空气质量，美化城市环境，进一步提升城市居民的生活质量。②提高民众环保意识。通过政府宣传、社区活动等多种形式将“保护环境，人人有责”的观念深入人心，让民众逐步自觉地将环保意识转化为实际行动。③提倡绿色、低碳生活。在日常生活中减少使用一次性制品，尽量选择公共交通或新能源汽车出行，积极支持并发展循环经济等，实现资源利用最大化，并保障子孙后代的使用。④完善城市管网系统。城市要做到雨污分流，以防夏季发生洪涝时，影响城市正常供水并增加污水治理负担。⑤健全城市生态环境保护相关法律体系。针对国内城市现有环境问题对现有环境类法律进行修订、完善，针对未涵盖的问题进行补充说明，做到处理相关问题时有法可依。

6.1.3.2 国外城市生态环境问题

西方国家的城市生态环境问题，同样也是人口数量爆炸式增长、交通堵塞、城市超负荷运转及诸多环境污染（如光、噪声、光化学烟雾等）造成的。但深究其根本，主要是由于人类在城市发展前期过于追求经济、效率等而舍弃了环境，所遗留的问题在后期凸显。当前为弥补不足，西方多个国家和地区将建立生态城市作为解决上述问题的重要途径。

1972 年，《人类环境宣言》（《斯德哥尔摩宣言》）首次提及“人类居住区”与“城市工业区”需要在权衡环境、经济、社会后进行一定划分。而“生态城市”这一概念的形成主要源于建筑师雷吉斯特开展了以生态城市为主题的一次会议。奥地利太阳城是生态城市（可持续发展城市）的典范，其城市设计协调配合各环境要素以实现城市社区的可持续运转。该可持续发展城市设计从三个方面入手：①空间规划。以交通规划为例，提出多元化交通出行，并依据不同适配环境，合理分配道路类型及空间分布，充分利用公共交通及绿色出行（如单车）资源降低私家车使用频率。②能量转化。该地之所以称为“太阳城”，是由于该地充分地利用了太阳能，白天因当地建筑注重采光，可充当光源以此降低电能消耗，此外太阳能光伏发电技术与太阳能集热取暖技术在此应用广泛，即太阳城通过将太阳能转化为热能、电能等方式以满足对能源的需求。③物料循环。针对产生的废弃物进行分类处理，对于废水、雨水进行回用，其中雨水主要经过下渗作用流入水体实现水体循环。

6.2　生态经济学的产生及其内涵

6.2.1　生态经济学的产生

生态经济学的诞生源于20世纪末工业发展飞速推进、人口数量骤增及生态环境破坏而异常脆弱的处境，仅依赖传统的生态学、经济学不足以解释当时的环境生态问题，因而生态经济学应运而生。生态经济学是生态学与经济学相结合所诞生的一门综合性学科。生态经济学学科的设立，其目的在于深入探究生态环境问题和经济发展之间的关系，实现经济生态化、生态经济化和生态系统与经济系统之间的协调发展，进而更好地应对生态环境问题所导致的经济问题、分析生态经济的发展规律。

6.2.1.1　中国生态经济学产生历程

中国生态经济学首次以学科形式创立于20世纪80年代，由国内知名经济学家许涤新先生提出，并主编出版了《生态经济学》（1987）一书。20世纪90年代因环境保护、经济发展均发生重大转变，我国开始进行区域可持续发展的实践，其中以西部大开发战略最为突出，它关乎中国生态建设、环境保护的多个维度。新世纪来临初期，科学发展观在指导经济社会发展方向时提出建设“资源节约型、环境友好型”社会。这无形中推动了新的经济增长、污染治理模式如循环经济、低碳经济等发展，进一步实现经济增长、资源节约及生态保护的高效统一，即以低成本、低消耗，实现高收益，达到资源、经济、生态环境的共赢。目前，李周主编的《生态经济学》、沈满洪主编的《海洋生态经济学》是我国生态经济学学科的代表作。党的十八大以来“生态文明建设”“绿色发展理念”正以前所未有的力度推进开展，同时数次出台生态文明相关制度文件，落实相关部门、职位具体责任分化，这也意味着国内生态环境保护进入全新阶段。党的十九大指出："加快生态文明体制改革，建设美丽中国"，即把生态文明建设明确地列入我们党"不忘初心、牢记使命"的宏伟蓝图中。"坚持人与自然和谐共生""必须树立和践行绿水青山就是金山银山的理念"都是为了更好地平衡经济与生态，尽早做到2035年"生态环境根本好转，美丽中国目标基本实现"。党的二十大强调"必须巩固树立和践行绿水青山就是金山银山的理念"，倡导"一体化保护""系统治理""统筹发展"，明确了"绿色低碳的生产方式和生活方式""污染防治""提升生态多样性""推进碳达峰碳中和"的路径。

6.2.1.2 国外生态经济学产生历程

1966年"生态经济学"一词被美国经济学家肯尼斯·鲍尔丁（Kenneth Ewert Boulding）在其著作《一门科学——生态经济学》中首次提出。进入20世纪70年代后，以"罗马俱乐部"为代表的学者，通过多维度分析传统经济学的弊端，深入揭露了"快餐式"经济所造成的隐患，该组织于1972年发表了名为《增长的极限》一书定量评价全球生态系统与经济增长的动态联系，最终认为若想要长久地发展，就必须减少人类社会的生态占用。而后，于1976年日本经济学家坂本藤良出版了世界上第一本《生态经济学》著作，这也标志着生态经济学的发展更进一步。"生态经济学"在西方正式提出是1979年，英国生态学家爱德华·哥尔德史密斯发表了一篇名为"我们需要一种新的经济学"的文章，认为社会需要一种新的经济学。1989年，西方的生态经济学正式以一门新型复合学科诞生，同时为了学科更好地发展，该领域的创始人之一罗伯特·克斯坦萨于1991年制定了生态经济学当时的研究议程。而后，美国国家人文与科学院院士、世界著名后现代思想家小约翰·柯布与著名经济学家赫尔曼·E. 达利合作撰写了《21世纪生态经济学》一书，西方的环保主义者和生态主义者将其视为生态文明的"纲领性文献""生态经济学的奠基之作"，而它更是"有机马克思主义的经济学蓝本"，有机马克思主义这一当代国外新兴的马克思主义流派的核心政治经济主张，都可以在该书中找到答案。此书深入剖析和分析了西方经济学的各种观点，以大量的篇幅阐述了所主张的生态经济学思想。柯布和达利强调，要建立生态经济学，他们的直接目标是生态人文主义必须建立一种这样的经济，即停止经济和人口增长，控制技术，以及消除严重的收入不平等。

6.2.2 生态经济学的内涵

对于"生态经济学是什么"的问题，学术界一直众说纷纭。生态经济学因研究内容差异可细分为狭义生态经济学及广义生态经济学。狭义的生态经济学以生态经济系统为研究主体，而广义的生态经济学是由生态经济系统联合人文、政治、社会等生态系统，分析内部变化、探究后续发展规律的同时找出各个生态系统之间的作用机制，为可持续发展提供理论指导。

生态经济学目前的研究主要包括：①分析并解决出现的生态经济问题，进行多学科科学融合，提高学科间的关联性，完善生态经济学的学科体系；②建立健全生态经济管理相关的政策、法律及法规，增强管理部门的执行力；③从进化的、整体系统的角度关注嵌入自然界其余部分的人类相互依存系统的功能，推动生态建设、生态保护工作的有力开展，其目的在于将生态经济学的功能由分析、解决现实的生态环境问题，进一步推动生态文明建设进程。

6.3　生态产业理论

6.3.1　生态产业的含义

20 世纪末，美国首次对产业生态学的概念、内涵、方法、应用前景进行了系统总结。同时期随着可持续发展战略的实施，发展生态产业成了全球多数国家和地区的追捧热潮。但至今学术界对于生态产业尚未得到一致阐释。大力发展生态产业是转变发展方式的有效途径，也是生态经济区建设的战略重点。

6.3.2　生态产业的内容

生态产业理论涵盖了诸多理论知识，其大致包括：①产业生态学理论。产业生态学是生态产业的理论基础。它是将生态学应用于工业产品系统，研究工业过程与环境之间的相互关系，从而改善现有工业生产，为人类提供对环境无害的产品和服务，其思想基础是“生命周期评价”（LCA）理论。通过分析工业生产和自然生态系统之间的关联项，提高工业过程活动与自然环境的和谐发展，由此寻求经济、自然及社会三者效益的最优化，最终达成可持续发展。②生态学理论。生态学是解释生态系统各组成部分、人类及自然环境等多层面的学科。例如人及其他生物群体为适应环境、维持生存而出现的竞争性排斥理论、互利共生理论、生态位理论等，同时生态系统自身为维持平衡也会调节代谢，保证物质流动、能量循环的稳定，在大环境下，系统与个体的发展也息息相关。③生态工程理论。生态工程是指依据复合生态系统中物种共生、物质循环及生态控制原理，通过实施一系列工程技术手段等，最终实现经济、生态和社会的同步协调发展。生态工程最初主要应用在农业领域，随着实践的发展，现已扩大到各个产业，对生态产业具有重要的指导意义。④循环经济理论。循环经济是以环境无害化技术为手段、以提高生态效率为核心，强调资源的减量、再利用和资源化，以环境友好方式利用经济资源和环境资源，实现经济活动的生态化。其目的在于以低消耗、低污染来降低稀缺环境资源的使用量，提升资源的最大化利用效率。从世界人口、经济、自然资源的消耗形势来看，实施循环经济理论对于解决资源短缺、环境污染等环境问题是大势所趋。循环经济与生态产业密不可分，循环经济模式的优点使其成为传统产业向生态产业转型的有效路径和方式。⑤可持续发展理论。20 世纪 80 年代可持续发展概念被提出，即“既满足当代人的需要，又不对后代人满足其需要的能力构成威胁的发展”。可持续发展观强调自然界的承受力、产生力并非无穷无尽的，人类发展不可长时间突破自然界承受力，只有维持系统的稳定发展，才能追求经济及人类社会的可持续发展。发展生态产业是实现经济社会可持续发展的必由之路。而可持续发展理论也将指导生态产业更好地发展。

6.4 生态转移支付

6.4.1 生态转移支付内涵

随着改革开放政策的施行，国内经济得到飞速提升，生态环境问题却是越发凸显且日益严峻。作为重要的生态补偿机制之一的财政转移支付，开始被政府层面用于推进生态文明建设工作的有序开展。生态转移支付是一个复合型财政工具，它是政府层面以生态、经济、社会为衡量标准产生的经济交易，即可适当地利用政府财政、环境经济，将可持续经济与生态保护、环境治理联系在一起。此外，生态转移支付受到生态保护成本以及效益之间的对立冲击，而政府财政的补偿旨在帮助受生态制约经济不发达的地区，达到成本与收益的最佳平衡，最终使生态环境问题得到有效处理。

生态转移支付依据其使用途径可以分为：一般生态转移支付、专项生态转移支付及分类拨款。一般生态转移支付指中央政府针对特定困难区域，按照国家标准的指示予以补贴。其大致包括均衡性转移支付、民族地区转移支付、农村税费改革转移支付、调整工资转移支付等，而地方政府也可以根据当地实际对资金进行统筹规划。例如，自 2008 年起，国家就大力在国家重点生态功能区域等方面实施转移支付制度，加强对环境的保护。专项生态转移支付是指上级政府为实现生态环境保护的宏观政策目标，以及对下属政府部门代理的一些事务进行补偿而设立的专项补助资金。而分类拨款是用途较为广泛的一类拨款，它仅把拨款的用途限定在某一类公共服务上（如教育，即教育专项转移支付），至于拨款更细的使用情况不进行限定，直接由接收方（如地方政府）自行规划使用。

6.4.2 生态转移支付功能

生态转移支付功能主要从生态效益、成本效率和分配效应三个角度考量。①在生态效益方面。生态转移支付利用自身的补偿功能，推动地方政府在生态文明建设方面的工作更加高效地推进，合理利用资金实现生态受益。例如，巴西利用生态增值税（以下简称 ICMS-E）有效实现了地方政府建立保护区的愿景，当地的环境管理也得到明显改善。数据显示，自 1991 年 ICMS-E 实施以来，巴西巴拉那州的保护区总面积上升了 164.5%。②在成本效率方面。政策的成本有效性体现在：该政策相较于现有的政策能够实现低成本、高收益的目标。由于生态转移支付是在现有的政策基础上运行，依照最终的对象对现有制度进行一定的调整，避免了其他的运行、管理费用，相较于制定并运行新的法律法规在成本层面更加合理。当然，生态转移支付也存在成本，其成本来自对选定对象的后续监测，成本高低取决于被检测对象的数量、面积等，监测数据便于获取，方便施行。③在分配效应方面。生态转移支付是政府财政的一个管理工具，其功能在于合理高效地分配公共资金，使其地区应用最大化。

思考题

1. 现阶段我国农业生态环境问题有哪些？
2. 简述生态经济学的发展历程与内涵。
3. 生态产业理论的内容主要包括哪些？
4. 简述生态转移支付的内涵。

第 7 章　生态环境的经济理论应用

7.1 生态环境价值的理论基础

7.1.1 生态环境价值的内涵

多种有关价值的基础理论都不能单独地解决现实所面临的环境资源价值问题，但应注意到，随着市场的不断完善发展，市场这只“看不见的手”在资源有效配置上逐渐起着非常重要的作用，那么环境价值则应更多地从经济角度分析。就人们目前的认识水平而言，下述价值理论应该是较为合理的。环境资源的价值一方面来源于其本身对人类所具有和提供的有用性，另一方面来源于人类认识自然、改造自然和保护自然所支付的劳动耗费，前者取决于资源环境满足人类需要的程度大小，后者取决于人类与之相关的劳动耗费的多少。所以，环境资源价值的大小与其生产费用和效用成正比，同时受到自然资源的稀缺性、可替代性及供求关系的影响。环境资源所包括的土地、森林、空气、阳光等有形物质实体和环境容量、环境自身调节能力等对人类的使用价值是毋庸置疑的，它们作为客体，人类作为主体，环境资源具有满足人类需要的功效。环境资源的供给在一定时空条件下保持稳定，但面临人类急剧增加需求量的压力，环境资源相对变得稀缺，稀缺性导致竞争性的使用，使价格杠杆调节供求关系发生效应。同时，环境资源是经济社会发展的物质基础，能够给人类带来收益，是一种自然的资源财富，环境资源价值产生于人类与自然界的关系中。在现代经济社会中，环境资源的价值基础来源于稀缺性、环境资源产权和劳动价值这三个方面。环境资源的稀缺性，简单来说就是物以稀为贵，稀缺性是环境资源价值的基础。但随着人口数量的增加和社会的发展，资源环境变得越来越有用，同时变得越来越稀缺，资源环境供需矛盾变得越来越紧张。为了保证人类社会的稳定可持续发展，人类必须在资源环境的再生产过程中投入劳动，于是现存的、有用的、稀缺的资源环境都有了价值。此时稀缺的资源环境的获得不再是无偿的，要通过市场机制分配有限的资源，这样资源环境也就具有了交易价格。资源环境价值的产权是资源环境价值的一个重要体现。产权不仅是指人与物之间的关系，而且是指由物的存在及关于它们的使用引起的人们之间相互认可的行为关系。它是一系列用来确定每个人相较于稀缺资源使用时其地位的经济和社会关系。产权是经济运行的基础，是交易的先决条件。产权安排确定了每个人相应于物时的行为规范，每个人都必须遵守他与其他人之间的相互关系，或承担不遵守这种关系的成本。这就体现了所有者对其拥有的资源环境的一种权利，是规定使用权的一种法律手段。如果在一个没有资源产权的地区，任何人可以以任何方式使用资源，而不支付费用，那么有限的资源很快就会被消耗一空。所以因为资源的有限、稀缺，资源环境应该具有价值。资源环境的劳动价值是凝结在资源环境体中的人类劳动，这是资源环境价值增大的源泉。当代在人类从事经济再生产的过程中，资源已经被不同程度，直接或间接地，或多或少地投入了人的劳动。例如现在天然林的保护，石油、矿产的勘探、开发和管理等都包含了人类劳动。人类对资源的探索、认识、研究等劳动耗费也都应成为构成资源价值组成的部分。综合多种观点的优势，从人与物的关系，人与社会的关系及生态经济角度来考察环境资源价值是符合现实情况的，那么环境资源价值就包含以下四个方面。①固有的自然资源方面的价值，即比较实在的物质产品的价值，或者说有形的资源价值，简称资源价值。②基于开发利用资源的人类劳动投入所产生的价值。③固有的生态环境功能价值，即无形的生态价值，自然环境要素对生态系统的功能性价值，包括维护生态平衡，促使生态系统良性循环等功能的价值。④环境资源中的各要素，尤其是生命体，它们固有的与人类利益或使用无关的持续存在的价值，即各种植物、各种动物、各种微生物与自然环境目的—手段的主客体交叉网络，保持生物圈的生态平衡。它们具有内在的目的性和不可替代的内在价值。

7.1.2 生态环境价值的理论构成

传统主流经济学对物品和服务的价值由市场的需求与供给均衡决定。自然物品和服务的价值就没有纳入价值的计量体系中，因为它们即使有效用，也没有稀缺性、劳动投入和市场机制。随着人类经济系统结构和功能上的不断完善，经济运作对生产要素（如土地、劳动力和资本等）投入的要求就愈加广泛，配置方式也日益精密，要素的价值表现形式也日趋多样化，原来许多被认为没有价值或价格，而且在经济过程中似乎并不起主要作用的物品或服务变得越来越重要，即使没有规范市场的存在，许多并不为人类提供经济产品的生物种类，由于人类对其作用或功能的发现和了解的广度及深度的增加而逐渐被赋予价值或使用价值。同时，随着人类社会经济活动的不断加剧所产生的对它们的各种胁迫而变得具有“稀缺性”，稀缺使价值的交换和转移成为可能，为交换价值的产生和表达奠定了基础。

7.1.2.1 环境资源观

环境是相较于一定中心事物而言的，与某一中心事物相关的周围事物的集合就称为这一中心事物的环境。中心事物代表了环境服务的对象和重点，是环境的主体。与中心事物相关的周围事物就是客体，这些客体既可以是物质的，也可以是非物质的。自然环境是自然形成的物质、能量和现象的总体，即空间、阳光、地磁、空气、气候、水、土壤、岩石、动植物、微生物以及地壳的稳定性等环境因素的总和。“资源”即资财的来源，自然资源是指天然存在的自然物（不包括人类加工制造的原材料），如土地资源、矿山资源、水力资源、生物资源、海洋资源等。联合国环境规划署（UNEP）定义：“自然资源是指在一定条件下，能够产生经济价值，以提高人类当前和未来福利的自然环境因素的总和。”因此，从环境角度看，一切自然资源都是构成环境的要素；从资源角度看，环境也是一种自然资源；而环境资源构成的整体，不仅表现为有形的物质性的实体，而且具有舒适性服务和环境自净的功能。

7.1.2.2 价值哲学观

当代西方环境哲学，亦称环境伦理学，自 20 世纪 70 年代中期兴起以来发展迅速。在关于人与自然的关系，以及面对生态危机人类应如何重新审视自己的价值和定向自己的行为等问题上，环境伦理学有较多的理论创新。环境伦理学分为人类中心主义和非人类中心主义；非人类中心主义按其立论基点又可大致分为个体主义和整体主义两个谱系。整体主义通常被等同于生态中心主义。当前环境哲学中最重要且最具创造性的是自然价值理论。自然内在价值或其固有价值，是非人类中心主义生态伦理学中的核心概念。确立自然界除对人有工具价值之外还有其内在价值是建立非人类中心论的重要环节。在这个问题上集中了不少环境伦理学界最重要的理论家，他们各自以不同的途径进行理论建构。

生态环境价值评估包括自然资产估价和生态系统服务功能评估，其评估方法主要建立在经济学理论和生态经济学理论两大类理论基础上。

（1）劳动价值论。马克思在古典价值论的基础上发展了劳动价值理论，他认为价值是凝结在商品中一般的无差别（抽象）的人类劳动，商品的价值量是由生产商品所消耗的人类劳动量决定，它也由生产商品所消耗的社会必要劳动时间决定。作为人类劳动与自然生产结合的产物，生态资源也是使用价值与价值的统一体。任何商品的价值量都是由凝结在商品中的人类劳动量度量，没有人类劳动的投入便没有物品或服务的价值存在，并且物品或服务的价值量只同抽象的人类劳动量相联系，而与产品或服务本身的特殊性无关。

（2）机会成本价值论。成本价值论的一种具体体现是自然资源的价值由其开发利用的机会投入成本决定，主要体现在：直接的开发利用成本，即生产成本；开发利用造成的外部成本，如环境退化或损失成本等；使用者成本，即用某种方式使用某一自然资源时放弃的以其他方式利用同一种自然资源获得的最大纯收益。

（3）效用价值论。从主观心理方面来解释商品价值的本质、来源和度量标尺。早期效用价值论思想来源于萨伊，他认为商品的价值可归结为效用，效用是价值的基础和决定因素，生产的三要素，即劳动、土地和资本，是创造价值的三要素。英国的杰文斯、奥地利的门格尔和法国的瓦尔拉斯各自独立提出了边际效用价值论。后来，维塞尔和庞巴维克将其发展成为一套完整的理论体系：边际效用定律是一般规律，需要保持不变，供给越大，边际效用和价值越小；另外，需要越大，边际效用和价值越高。该理论认为，价值由商品的效用和稀缺性决定，价值的衡量尺度是边际效用。

（4）非市场价值论。由于许多自然的公共物品或服务（如水源涵养、生物多样性等）没有进入市场交易，很难用市场化方法来评价其真实价值，故需要采用非市场方法。例如，采用在市场上可交换的某种产品或服务的数据来推算和分析非市场的自然物品和服务的价值；风景名胜的价值可以用旅行费用法来估算；用当前不同住宅土地的价格来推算本区域环境（如空气、水体等）质量的价值；以支付意愿指标来确定自然物品或服务的价值。或者以具有可替代产品和服务的最低成本作为被评价对象的价值，如按照符合一定水质标准的某一类废水处理设施和运行管理费用来替代具有类似环境净化功能的自然生态系统（如湿地）的价值进行估算。

（5）生态经济价值论。现代经济学观点认为，人类社会生产所需要的一切资源来自生态系统，生产和消费过程中生产的废弃物最终也必然返回生态系统，生产经济系统与生态环境系统之间存在不间断的物质、能量、信息和价值的流动，因而，自然界是可变的因素。另外，社会生产和再生产过程也绝不能离开自然生产与再生产过程以及人的生产与再生产过程而孤立存在。生态环境资源价值是用于自然资源和生态环境再生产（包括保护、恢复、再生、更新、增殖、积累自然资源，保持并扩大自然资源总量和供给能力，以满足当代的后世国民经济和社会发展对自然资源日益增长的需求）所投入的物化劳动与活劳动。自然再生产、社会再生产与经济再生产已形成一个生态经济有机整体，自然生态资产与社会经济资产虽然有质的区别，但它们之间可以相互转化，都是社会总资产的组成部分。

7.2 生态环境价值评估方法

7.2.1 市场价值评估法

利用市场价值评估法评估生态环境价值的基本思路是假设环境质量变化可以反映为生产率及生产成本的变化，进而引起产量和价格的变化，那么，通过对产量和价格变化的测度就可衡量环境改善的效益（或损害）。适用于当区域生态环境质量的改善直接影响到市场相关产品的质量和价格时，对区域生态环境质量改善效益的价值评估。例如，因执行新的水污染控制技术带来渔业产量的提高，因草场退化造成畜牧业损失，土壤流失引起农产品减产等。在这些例子中，环境改善的效益（损失）可以通过在市场流通的产品（如鱼、畜产品、农产品等）的收益变化来确定。又如，评价保护土壤的经济价值时，可以用生态系统破坏造成的土壤侵蚀量及土地退化、生产力下降的损失来计算。值得注意的是，环境的功能并不限于对生产的直接贡献，因而根据产出和市场价格变化计算的评估结果往往不能代表生态环境的全部效益。

尽管市场价值评估方法采用的是较为客观的市场数据，但也会存在一些偏差。在应用该方法时，以下问题需要引起重视：第一，估计的市场价值只是部分价值，可比性较差。有时给出的数据是净收入，而有时是总收入。一些研究用就业量或当地增加的经济活动来衡量某一生态环境的价值，而这些并不一定是经济收益，或者说至少并不是全部收益。第二，在某些情况下，市场价值的估计是基于已丧失的生态环境功能的修复成本，估算结果可能高于或者低于损失的市场价值。评价生态环境破坏造成的损失的目的之一就是评估是否值得替代或修复它，但使用替代或恢复成本作为市场价值的测度方法无法回答上述问题。第三，市场价值评估方法的基础是评估问题的相关科学依据。例如，在估计空气污染的成本或清洁空气的价值时，需要用空气污染对肺部疾病的影响方面的科学依据；在计算森林的价值时，需要森林净化空气的科学依据等。应该认识到，某些生态环境问题的后果仍然具有相当大的不确定性，因此，对相应的估计结果应保持谨慎，而且应该在研究中进行说明。第四，目前大部分研究仅是针对局部地区的边际变化，只有少数研究关注大范围生态环境整体服务价值的估算。对大范围的环境变化造成的影响进行评估也是非常必要的。第五，预防性成本法和恢复成本法都极可能低估或高估生态环境的真实价值。例如，对恢复成本法而言，环境损害造成的某些危害可能尚未被发现，也可能难以量化，或者即使发现了也尚无恢复方法，这些都将导致环境损害的危害被低估。此外，各种危害往往是伴生的，对各种危害的价值进行简单加总有可能导致评估价值的高估。例如，Gerking 和 Stanley 利用家庭层面的微观调查数据估算了圣路易斯大都市区空气污染带来的疾病风险给每个家庭造成的成本；Abdalla 等利用宾夕法尼亚州的家庭调查数据估算了地下水污染导致的损害成本。在这几项研究中，预防性成本的估计取决于为避免环境污染伤害所需时间的机会成本，但机会成本的估计并没有确切的方式。Laughland 等在利用宾夕法尼亚州的鞭毛虫污染自来水事件的调查数据估算规避污染的预防性成本的研究中，分别根据家庭收入、最低工资和零机会成本计算了规避污染所需的时间价值，估算出的家庭月平均规避成本分别为 33.47 美元、13.07 美元和 5.60 美元。Abrahams 等估计了美国佐治亚州居民为预防水污染风险所承担的成本，这个成本在 2.9 亿～3.5 亿美元。国内利用预防性支出进行的实证研究并不多。宋敏估算了武汉市 2011 年农业生产中农药使用带来的慢性中毒风险引起的预防性支出成本，估计结果大约为 2 360 万元。

7.2.2　意愿调查法

意愿调查法又称条件价值法，就是将人们支付愿望考虑在内的估值方法，适用于缺乏市场价格和市场替代价格商品的价值评估，是“公共商品”价值评估的一种重要方法。可以通过在假想市场条件下，直接调查和询问人们对某一区域生态环境质量改善或资源保护措施的支付意愿，或对于生态环境或资源质量损失的接受赔偿意愿，推求区域生态环境经济价值。其评价范围广，可以评价各种资源（有形效益和无形效益）的经济价值。条件价值法（contingent valuation method，CVM）是近年来国外生态与环境经济学中最重要的和应用最广泛的价值评估方法，被认为是很有前途的评价方法，近年来在我国也有个别研究案例。总价值包括使用价值和非使用价值，可以定义表示如下：

总价值=使用价值+非使用价值

非使用价值=选择价值+遗产价值+存在价值

其中，使用价值指人们现在从生态环境获得的满意价值。非使用价值指人们愿意保护它为以后使用的付出，它涉及长的时间范围，具有不确定性，也是各环境资源普遍的特征。在环境与资源经济文献中，非使用价值包括选择价值、遗产价值、存在价值三部分内容。其中，选择价值是指个人为了今后可能的使用而愿意支付的保险金额；遗产价值是指人们为了后代对资源的使用愿意支付的金额；存在价值是指人们愿意为保持自然资源服务功能生态完整而愿意支付的金额。在条件价值法中，支付意愿是通过调查得出，被认为是目前唯一可以进行非使用价值评估的方法。实际上，无论条件价值法的应用设计多么完善，都无法覆盖全面的资源价值，仅就技术而言，在收集喜好信息工作中会有一些潜在偏见的存在，如策略偏见、信息偏见和假设偏见等。另外，非使用价值涉及个人行为，没有一个客观的价值标准，不同经济发展区域、不同人群得出的数值会有较大差异。再则，该法所评估的是被调查对象本人宣称的意愿，而非被调查对象本人根据自己的意愿采取的实际行动，调查结果存在各种偏倚的可能性。这些都是在使用该法时需要特别注意和克服的，特别是调查问卷的设计、调查程序和方法是条件价值法应用的关键，直接影响条件价值法应用的有效性、可靠性。

意愿调查法基于个人陈述对环境产品或服务的支付意愿或接受意愿进行价值评估，是目前使用最多的生态环境价值评估方法。以评估某一免费开放的公园的价值为例，可以通过随机调查的方式询问游客每年愿意支付多少钱来游览，用游客平均支付意愿乘以每年的游客总数就可以大致估算出该公园对于游客的总价值。意愿调查法还允许对环境的变化进行价值评估，甚至在变化没有发生时也可以进行（事前）评估。它允许假想的政策情景或自然状态，而不用考虑当前或过去的制度安排。意愿调查法可以追溯到 Davis 对美国缅因州林地的娱乐价值的研究。例如，Lehtonen 等对芬兰南部地区森林保护的非市场效益进行了研究，主要采用了条件价值方法和选择试验方法，调查结果显示，74%的调查者愿意为增强对森林的保护支付费用，16%的人支持增强对森林的保护，但是不愿意为此支付费用。此外，5%的人观点比较淡漠并且有 5%的人支持减少对森林的保护。支付意愿因为描述的项目不同和度量方法不同介于 60～223 欧元。Holmes 等采用 CVM 中离散型两分式的问卷格式，对不同恢复尺度带来的不同的经济利益进行估值，并采用 5 种不同的生态服务功能。研究结果表明，恢复尺度与其带来的经济效益之间并不是线性关系，如果生态系统得到了全部的恢复，将带来超值利益。同时，对所有的恢复项目，其效益成本比为 4.03～15.64，表明了生态恢复的资金投入具有经济可行性。西班牙学者 Colomb 等利用选择试验方法和条件价值评估方法，获得了减少水土流失的社会效益，在调查问卷设计中通过向调查者介绍现状的方法减少了偏差。实验结果为每公顷土壤的保护费用提供了上限。日本学者 Nishizawa 对恢复日本琵琶湖因外来鱼种入侵而造成的生态系统损害的支付意愿进行了研究，调查对象为 Shiga 地区居住的居民，结果显示，当地居民的平均支付意愿为每户每年 1 850 日元，总支付意愿达到了 87 600 万日元/年。

7.2.3 替代成本法

替代成本法适用于因生态环境质量提高，损失减少且这种损失可以近似由市场价值来估计的情况。例如，众所周知酸雨会加速国家基础设施诸如高速公路、桥梁及历史文物的损坏。假设国家投入资金控制或降低酸雨排放，可延长国家基础设施的使用寿命。区域生态环境改善效益可以用节省的维修、保护和换新基础设施费用表示。在可以比较简单地找到替换品的支出时，使用替代成本法是一种容易实现的生态环境质量改善效益估值方法。但是，当生态环境损失不能够完全被修复或复制，或是即使可以修复或复制，与原始的相比也是微不足道，该方法就不足以反映区域生态环境改善效益。

替代成本法还用于测度环境退化的影响。替代成本是指恢复或者替代生产性资产、自然环境、人类健康等所需的成本，如将一个被污染的湖泊水质恢复到二类水质所需的一系列工程费用。替代成本法在一定程度上要比预防性支出方法更具优势，因为它是对某种影响的客观评估，即该影响是已经发生的或者至少是已知的。替代成本法是会计核算中的一种方法，很早就被应用到环境经济学中。欧洲广泛运用替代成本法进行环境或生态服务的价值评估。例如 Kuttunen 和 Brink 的研究报告列举了十个案例研究，这些研究发现，在德国和罗马尼亚，河坝建设导致湿地被永久淹没、生物多样性减少和水质恶化，严重损害了多瑙河的生态系统服务功能。估计显示，消失的湿地可提供的旅游服务价值约 1 600 万美元，渔业的损失大约是 1 600 万美元，为获得饮用水所需增加的河水处理成本约为 1 300 万美元。在希腊，恢复 Karla 湖曾经的面貌（现在已变成农田）需要大约 1.52 亿欧元。在瑞典，近海水域的富营养化导致商业鱼类的供给量和调节服务的效率下降，而将斯德哥尔摩附近海域水体的能见度提高 1 m 成本高达 600 万～5 200 万欧元，恢复卡特加特海峡和斯卡格拉克海峡这一海域的渔业资源的供给服务则需要 600 万～800 万欧元/年。

7.2.4　享乐价值法

享乐价值法（又称为内涵资产定价法或资产价值法）是根据人们为优质环境的享受所支付的费用来衡量生态环境质量的经济价值。享受某种产品由于环境的不同产生的差价，作为环境差别的价值，出发点是某一财产的价值包含了它所处的环境质量的价值。如果人们为某一地方与其他地方相同的房屋和土地支付更高的价格，且其他各种可能造成价格差别的非环境因素都考虑后，剩余的价格差别可以归结为环境因素。例如，优美的生态环境令人们身心愉悦、得到享受，使其周边的土地房屋价值上升，相反，环境污浊诸如垃圾填埋场之类地点附近的住宅，人们却尽可能地不选择，其房屋的价值已近似反映出人们对区域生态环境价值的估值；此外，对于点源噪声污染如飞机场噪声污染的治理价值评估，以及人体因暴露于有害环境造成健康变化的评估都可以应用享乐价值法。享乐价值法的优点在于利用周边诸如房屋、土地等的市场价值表达区域生态环境价值，即用人们实际行为带来的所有价值来表达，能够比较真实地反映人们心目中的生态环境价值。然而，这种完全依赖所有价值表达的方式也使得它的应用受到限制。比如，对危险物种的评估，该方法就不适宜。此外，随着科技进步、个人收入增加，人们对于自然资源的享乐性需求必然增长，从而带来资源稀缺的增长也是评估中特别需要考虑的因素。

7.3 生态环境经济核算理论

1971 年美国麻省理工学院首次提出“生态需求指标”，试图利用该指标定量测算反映经济增长与资源环境压力之间的对应关系。20 世纪 70 年代，托宾（James Tobin）和诺德豪斯（William Nordhaus）致力于闲暇时间减少、城市化、资源耗减、污染增长等对生活造成负面影响方面的研究，强调应将污染等经济行为所产生的社会成本从 GDP 中扣除，从而提出净经济福利指标。环境核算领域最具代表性的研究，要属联合国统计署（UNSD）开发的环境经济综合核算体系（SEEA）。由于当时人们对于如何把环境资产、环境资产使用的成本和收益纳入国民账户体系（SNA）的问题还缺少国际共识，所以联合国统计署开发了 SEEA 作为 1993 年 SNA 的卫星体系。该体系主要从以下几个方面推动环境核算的发展：分离传统国民账户中所有与环境相关的流量和存量，特别是环境保护费用；把自然资源实物账户、指标和环境价值账户、平衡表连接起来；把自然资源消耗和环境质量恶化的环境成本和收益合并入 SNA 的投入产出账户；为了说明有形资产的维护，把资产的概念扩展为生产资产和非生产资产；详细说明和测量成本、资本、投入、产出的绿色指标以及反映总量的 EDP 指标。

中国开展生态环境经济核算研究始于 20 世纪 80 年代。1988 年国务院发展研究中心在美国福特基金会的资助下，开展了“自然资源核算及其纳入国民经济核算体系”的课题研究。中国的环境经济核算工作起步相对较晚，但是发展较快，成果丰富且引人注目。早在 20 世纪 80 年代初，有关研究人员就提出了环境污染和生态破坏经济损失的概念，从此开始了中国环境经济核算的探索性研究。相较于国外环境经济核算较为系统的核算框架和体系发展，由于缺乏统一方法和完善的数据支撑，目前我国的研究大多集中在对于环境经济核算的理论与方法的探讨或是对于某个方面的探索发展。例如高敏雪编著的《综合环境经济核算——基本理论与中国应用》，以《综合环境经济核算（2003）》为线索，系统阐述了综合环境经济核算的基本理论和方法，同时结合作者研究团队的实践参与经验，分析了综合环境经济核算在中国的应用情况。

7.3.1 生态环境经济核算的含义

所谓生态环境经济核算，简单地说，就是把环境因素以某种恰当的方式纳入国民经济核算体系中，将环境核算与国民经济核算有机地衔接起来，以便全面地反映经济增长对环境的影响，以及环境对经济增长所作的贡献。在现实经济实践中，广泛应用的国民经济核算体系 SNA 中，经济过程和环境系统是完全分离的，既没有将经济过程对环境的利用作为投入加以扣除，也没有将环境资产纳入当期经济活动中，因此，传统的国民经济核算不能反映环境对经济过程的贡献，从而不符合可持续发展的思想。环境价值核算是在实物形态核算的基础上，利用经济学上的定价技术，进行价值形态的核算。核算时首先对各类环境资源进行分类核算，再进行综合核算。环境价值核算分为两类，一是存量核算即环境资产核算；二是流量核算即环境资产经济利用核算。一个完整的环境经济综合核算体系既要包括宏观的核算，也要包括微观的核算。所谓的宏观环境经济核算，是指在各级政府部门建立的，对各地区自然资源总量进行平衡和生态环境保护的核算系统。该系统主要反映各级政府在自然资源的开发、使用、补偿和环境保护过程中的资金运用情况。宏观环境经济核算是从全社会的角度和可持续发展的高度，对资源环境与生态环境的价值平衡核算，属于国民核算的一个分支。而所谓的微观环境经济核算，是指在企业会计核算体系中建立的，有关企业使用自然资源及对所造成的环境污染治理情况的会计核算。和宏观环境经济核算一样，也是通过对环境问题进行货币计量，从价值上对消耗与补偿进行平衡。

7.3.2　环境经济核算体系框架

环境经济核算框架是在现行国民经济核算体系基础上形成的，环境经济核算中包括环境与经济两个要素，要就二者的相互关系做量化测度，表现环境因素对经济过程的贡献以及经济过程对环境的影响，为管理和分析提供数据基础，就要把环境因素全面引入经济核算体系，从实物量核算到货币化核算，最终实现对传统国内生产总值的调整，并反映自然资产存量变化。

中心框架是环境经济核算体系的首个国际统计标准，是一个概念框架，用来描述环境与经济之间的相互作用，以及环境资产的存量和变化量。中心框架提供了国际公认的环境经济核算概念和定义，因此成为收集综合统计数据、开发一致可比的统计指标、测度可持续发展进程的有力工具。中心框架将对各国环境经济核算实践产生重要影响，值得深入解析。中心框架将环境资产分为七大类，分别是矿产和能源资源、土地资源、土壤资源、木材资源、水生资源、其他生物资源（不包括木材和水生资源）以及水资源。环境资产并非一定要为所有者带来经济利益，这一点有别于 SNA 的经济资产。例如，偏远的土地和木材资源应当包括在一国的环境资产范围内，即便它们当前或者预计未来都不会为经济所有者带来利益。

综合环境与经济核算体系（SEEA）是国民经济核算体系（SNA）的卫星账户体系，是可持续发展经济思路下的产物，主要用于在考虑环境因素的影响条件下实施的国民经济核算。然而实践中，迄今为止，所有国家的国民经济核算中都忽略了对环境部分的核算。人们的传统观念违背了现实，人类的活动影响了最基本的环境系统及其运行，反过来又被其影响。这就意味着处于国民经济运行过程中的人类活动和自然环境是一个不可分割的整体。从历史的观点看，在人类经济发展的不同阶段，许多国家都经历了环境衰减与退化的过程。因此，非常有必要在国民经济核算中体现环境因素的影响。更准确地说，GDP 中所包括的任何产品都利用了资源和环境的自然资本。从这个意义上来说，任何一种不能反映自然资本作用的核算系统都是不完善的，甚至具有误导作用，因为它忽视了经济系统运行的本质因素对产品生产和服务的重要作用。

SEEA 主要从五个方面进行了拓展。①SEEA 体系的基础，阐述经过调整的 SNA 的资产供求账户，用来反映与环境相关的具体经济活动总量，以及其他与环境互不影响的活动总量。②主要阐述虽然列入传统核算但表示不明确的流量和存量，以及从需求与供给表到第一部分的非经济资产核算。其中的特别账户还对防止环境退化的环境保护活动的价值进行了核算。③主要包括原材料、能源平衡的阐述以及自然资源核算。④为各类自然资产估价及其应用，例如，非经济资产的货币价值估算；环境为人类提供服务价值的评估；为了环境保护所支付的维护价值评估。⑤拓展了 SNA 的产出概念，把家庭生产及其对人类福利和环境的影响都包括在社会生产的范畴内。环境因素的引入使传统国民经济核算的内容发生了两方面的变化：一是改变了流量核算，通过扣除环境成本实现了对国内生产总值的调整，得到了经环境因素调整的国内产出这一总量指标。从生产角度看，经环境因素调整的国内产出是国内生产净值扣除环境投入之后的余值；从使用角度看，经环境因素调整的国内产出是消费、净出口和在所有资产上的净投资之和。二是改变了存量核算，较为完整地记录了包括生产资产和自然资产在内的各种资产存量从期初到期末的动态平衡关系。

7.3.3 生态环境经济核算模型

环境定价是环境核算中最困难的问题之一，存在两方面的困难，即环境因子内在价值的多维性和环境因子的非经济尺度（文化尺度和生态尺度）难以把握。根据估价思路不同，有统计和解析两种模型。统计模型的主要特征是对生态环境的价值进行“分解求和”，即把生态环境的价值分成几部分，分别计算再汇总；解析方法则是从整体上把握整个生态环境的价值。统计模型的缺点是操作中很难贯彻“穷尽性”和“独立性”原则，以致造成计算结果在某些方面重复或者在某些方面疏漏。比如，如何知道水土流失在多大程度上与森林减少有关，或者根本就是由耕作过度引起的。统计模型的另一个缺点是，“分解”就意味着割断了各部分之间的联系，从系统论的观点来看，整体的价值和部分的价值之和不一定相等。很难想象把一个完整的东西机械地分成几部分，再随便放在一起，还会是原来的样子。解析模型坚持了生态系统的整体概念，从整体上估价，从而避免了统计模型的失误。该方法认为生态环境的价值和生态环境的质量有关，但在生态环境质量很难评价的情况下，这种方法不具有操作性。

环境经济综合核算体系将环境因素引入后，对其基本框架的内容做了两个方向的扩展（表 7-1），一是在表的右侧增加列，列出未包含在经济资产中的非生产自然资产（如空气、水和原始森林等）；二是在“国内生产净值”项目下增加“非生产自然资产的使用”和“非生产自然资产的其他积累”两行，用于记录通过耗减和降级对非生产自然资产的使用和将资产其他数量变化中因经济原因所引起的资产（主要是自然资产）数量变化部分独立出来，并把该变化值分别记入列、列和列的交叉点上。相应地，增加一行，使其成为独立的部分。

表 7-1　生态环境经济综合核算基本框架

	经济活动					环境
	生产 1	国外 2	最终消费 3	经济资产		其他非生产自然资产 6
				生产资产 4	非生产资产 5	
初期资产存量 1				$KO_{p.ec}$	$KO_{np.ec}$	
供给 2	P	M				
经济使用 3	C_i	X	C	I_g		
固定资本消耗 4	CFC		C	−CFC		
国内生产净值 5	NDP	X−M		I		
非生产自然资产的使用 6	Use_{np}				$-Use_{np.ec}$	$-Use_{np.env}$
非生产自然资产的其他积累 7		X−M	C		$I_{np.ec}$	$-I_{np.env}$
经环境调整的总量指标 8	EDP			$A_{p.ec}$	$A_{np.ec}$	$-A_{np.env}$
持有损益 9				$Rev_{p.ec}$	$Rev_{p.ec}$	
资产物量的其他变化 10				$Vol_{p.ec}$	$Vol_{p.ec}$	
期末资产存量 11				$KL_{p.ec}$	$KL_{p.ec}$	

表 7-1 行 6“非生产自然资产的使用”中，有一个附加元素（Use_{np}），加入生产列中。Use_{np} 反映了生产中使用非生产自然资产情况，等于列 5、列 6 相应项目属于经济资产的非生产自然资产的使用（$-Use_{np.ec}$）和不属于经济资产的其他自然资产的降级（$-Use_{np.env}$）绝对值之和。$-Use_{np.ec}$ 包括矿物的消耗、从属于经济资产的森林中开采木材及水土流失和酸雨等对这些森林和农业用地的生产能力的影响。$-Use_{np.env}$ 包括从海洋和河流中对鱼进行无法承受的捕杀、从热带和其他原始森林中开采木材或猎取野生动物，还有残余物的排放对水、空气、鱼类和野生森林质量的影响及其他经济活动（如娱乐、农业和运输等）对生态系统和生存环境的影响。

行 7“非生产自然资产的其他积累”反映了作为非生产经济资产的存量变化（$I_{np.ec}$）的自然资产向经济使用的转移，对应于不属于经济资产的自然资产的减少（$-I_{np.env}$）。$I_{np.ec}$ 包括土地向经济使用的转移、已探明矿藏的净增加、原始森林转变成林场和农田以及鱼类转变为受经济控制的养殖等。

行 8“经环境调整的总量指标”是针对“非生产自然资产的使用”和“非生产资产的其他积累”对传统的经济指标作出的调整值，即扣除了非生产自然资产使用后得到环境调整的净国内生产总值（EDP）和资产的净积累。SEEA 引进了一个称为净积累的新概念以取代 SNA 中的固定资本形成总额，它在行 8 分别对应于生产资产（$A_{p.ec}$）、非生产经济资产（$A_{np.ec}$）和其他自然资产（$-A_{np.env}$）。对于生产资产，它同于资本形成净额（$A_{p.ec}=I$）。对于非生产经济资产，它反映负的耗减及正的转移到经济使用的自然资产增加的净影响（$A_{np.ec}=-Use_{np.env}+I_{np.ec}$）。对于不属于经济资产的自然资产，它可以看作经济活动对环境的影响的经济估价，是耗减和降级的负影响（$-Use_{np.env}$）与将自然资产并入经济资产的负影响之和（$-A_{np.env}=-Use_{np.env}-I_{np.env}$）。

根据 SNA 中的等量关系，可以得到：

$$NDP=P-C_i-CFC$$

$$NDP=C+I+(X-M)$$

以上两式中，P 为总产出；C_i 为生产过程的中间消耗；CFC 为固定资本消耗；X、M 为产品的进口和出口；C 为最终消费；$I=I_g-CFC$ 为资本形成净额。这里，C_i、CFC 仅限于由以往成果转化的生产资产，是生产资产的经济使用，相应地，I 也仅限于产出（及进口）成果用于生产资产的增加。

7.3.4 生态环境经济核算案例

案例一：延庆区是北京市生态涵养区之一，具有重要的生态功能，承担北京以及周边地区重要生态屏障的作用，2022 年举办的北京—张家口冬奥会更对延庆区的生态环境质量、绿色发展方式等方面提出了更高要求。因此，亟须在延庆区开展生态环境（绿色 GDP）核算工作，科学量化区域生态产品供给能力、识别生态环境不足与短板，为延庆区生态环境质量改善、绿色发展、生态文明建设提供科学参考。本书在国家环境经济核算体系框架基础上，结合延庆区自然社会经济特征，建立了适合延庆区的生态环境（绿色 GDP）核算体系，其中产品供给服务价值主要包括农业产品、林业产品、畜牧业产品、水产品、水资源、可再生生物能源等，采用市场价值法核算；调节服务价值主要包括土壤保持、防风固沙、水源涵养、洪水调蓄、大气环境净化、水质净化、病虫害控制、固碳释氧、气候调节、生命维护与栖息地保护 10 项指标，主要采用替代成本法、恢复成本法、影子工程法、防护成本法、保育成本法等核算等；文化服务主要为自然景观、公园游憩等价值，采用旅行费用法、支付意愿法核算等。

在国家环境经济核算技术框架基础上，构建了北京市延庆区生态环境（绿色 GDP）核算体系框架，并开展了 2014—2016 年连续时空动态核算研究，得出的主要结论如下。

（1）延庆区生态价值较高并稳定增加，其中生态系统调节服务价值、森林生态系统服务价值增加对 GEP 增加的贡献最高。2014—2016 年生态系统生产总值（GEP）在 320.06 亿～335.63 亿元，大约为当年 GDP 的 3 倍。生态系统调节服务是主导服务，近 3 年平均占比为 91.4%～92.0%；森林生态系统服务价值最高，平均占比在 80%左右；湿地单位面积服务价值最高，是森林的 6.21 倍；近熟林、中龄林单位面积调节服务价值较高，是幼龄林的 1.2 倍。

（2）延庆区生态环境退化成本较低并有所减少，主要原因是大气和水污染排放量减少。2014—2016 年生态环境退化成本在 7 432.51 万～10 433.1 万元，占当年 GDP 的 0.67%～0.95%。其中，大气环境退化成本以氮氧化物退化为主，占比在 62%以上，机动车源退化突出且比重上升；水环境退化成本以 COD 退化、规模化畜禽养殖源退化较为突出，占比分别在 98%以上、80%以上；生态破坏成本以森林生态破坏成本为主，占比在 81%～96%。

（3）延庆区生态环境改善效益有所增加，并以大气环境质量改善效益为主，主要原因是 $PM_{2.5}$ 浓度显著降低。2014—2016 年生态环境改善总效益在 3 154.44 万～21 564.44 万元，占当年 GDP 的 0.31%～1.94%。其中，大气环境质量改善以人体健康改善效益为主，2015 年、2016 年占比分别为 65%、51%。2014 年生态系统改善效益以湿地改善为主。

（4）生态系统生产总值（GEP）呈中部平原低、两边山区高的空间格局，其中生态保护区 GEP 最高；生态环境退化成本和生态环境改善效益均呈现城镇发展区高、农业生产区和生态保护区低的空间格局，既是生态环境的短板区域，同时也是生态环境治理成效明显的区域。

案例二：云南省是环境经济核算的试点地区，从省级和州市层面开展地方环境经济核算，将区域的生态环境价值予以量化体现，不仅夯实了国家环境经济核算体系框架，同时为云南省社会经济发展评价体系、生态补偿、污染损害赔偿等政策制度设计提供了参考依据。以环境规划院《环境经济核算技术指南》为基础，采用虚拟治理成本法和环境退化法对云南省的污染损失予以核算。其中虚拟治理成本法遵循“实际/虚拟治理成本=污染物去除量/排放量×平均治理成本”的思路予以核算，实际治理成本代表了排污单位处理产生的污染物质所花费的成本，而虚拟治理成本表示处理排污单位达标排放到自然环境中的污染物质所花费的成本。GDP 污染损失扣减指数是虚拟治理成本与 GDP 的比例，用于衡量治理投入与 GDP 的关系。环境退化法则遵循“环境污染对人体、生产和生活的直接影响及财产损失”的思路予以核算，从人体健康、资源利用、农业、工业生产和居民生活的角度测算因环境质量退化而带来的附加影响，进一步确定环境退化的直接成本。GDP 环境退化扣减指数是环境退化损失占 GDP 的比例，用于衡量环境退化影响与 GDP 的关系。

环境经济核算试点研究，通过整合各类污染损失核算技术、搭建环境污染损失框架，核算了云南省级和各州市的环境污染直接损失，并通过 GDP 污染损失扣减指数和 GDP 环境退化扣减指数对各地 GDP 进行了扣减，开展了经济增长的环境代价横向比较。云南省是维护国家生态平衡和生态安全的重要屏障，在形成环境经济核算结论的基础上，应进一步加强核算成果应用，推进基于环境经济核算的环保绩效考核政策创新，从而使云南省在生态文明和环保体制改革中走在前面，凸显云南省生态文明建设排头兵的战略定位。

全国很多地区已起步，以生态环境功能价值为引导，推动实施地方环保绩效考核制度改革创新。福建省作为国家生态文明试验区试点省份，提出了“生态产品价值实现的先行区”战略定位，计划从生态补偿机制、更多体现生态产品价值、运用经济杠杆进行环境治理和生态保护的制度等方面进行创新。广东省深圳市也开展了生态环境价值和 GDP 双考核的环保绩效考核制度试点示范。

案例三：将生态环境经济核算模型应用于重庆市，对其进行环境经济分析。重庆市以山区为主，大部分地区坡陡土薄，立地条件差，森林破坏后不易恢复，加上过度垦殖，土壤侵蚀严重，是造成大面积水土流失的主要原因。虽然 20 世纪 80 年代初重庆市森林覆盖率增加了 12.8%，各种人工林、人工草场如雨后春笋，自然保护区、生态公园等层出不穷，但数量的增加不等于质量的提高。由于生态结构趋于单一，生态服务功能持续下降，生态系统不稳定，生态环境脆弱，生物多样性锐减，导致自然灾害不断加剧。1999 年，全市水土流失面积约为 521.3 万 hm^2，占全市面积的 63.26%；全市土壤侵蚀总量为 2.22 亿 t/a，进入江河的泥沙总量达 1.4 亿 t/a，占长江上游入江泥沙总量的 26%。生态破坏导致各种自然灾害日益频繁，危害日益加重。1998 年，重庆市遭受了 50 年来最猛烈的洪水袭击，并伴随滑坡、崩塌和泥石流等地质灾害，全市 40 个区县（自治县、市）都遭受了不同程度的影响，13 个县城被淹，受灾人数达 1 836.78 万人，直接经济损失计 72.4 亿元。1999—2000 年，自然灾害造成的重庆市直接经济损失达 99.41 亿元，严重制约了社会经济的可持续发展。1998—2000 年重庆市环境经济核算结果见表 7-2，可以发现 3 年的可持续指针 c/P_{EGDP} 均小于 1，c/P_{EDP} 也小于 1，说明重庆市的发展是生态可持续的。但 3 年的生态环境损失均占 GDP 的 20%左右，c/P_{EGDP} 在 75%以上，c/P_{EDP} 在 85%以上。如果包括防护性开支，考虑生物多样性、湿地等生态破坏及污染的损失等，环境成本在 GDP 中的份额占比更大，c/P_{EGDP} 和 c/P_{EDP} 将接近不可持续的边缘。

通过研讨并修订生产、资产和防护性开支等，对重庆市的生态环境进行了环境经济分析，包括实物和价值核算。针对其自然环境特征，选择森林、耕地、草地、森林立木和表土资源等生态环境因子作为考察对象，为使核算更加准确、真实，人工生态环境的价值没有考虑。由于把环境核算和国民经济核算结合起来，因此，从核算结果可以看到，1998—2000 年重庆市宏观经济运行尽管是生态环境可持续的，但付出的环境代价是十分巨大的。

表 7-2 重庆市 1998—2000 年的 EGDP 及 EDP（当年价）

项目	1998 年	1999 年	2000 年
P_{GDP}/亿元	1 350.10	1 429.26	1 479.71
P_{EGDP}/亿元	1 091.63	1 103.42	1 170.86
P_{NDP}/亿元	1 215.01	222.01	1 253.29
P_{EDP}/亿元	856.53	896.17	944.44
c/亿元	927.15	862.15	924.14
（P_{GDP}−P_{EGDP}）/P_{GDP}%	19.14	22.80	20.87
（P_{NDP}−P_{EDP}）/P_{NDP}/%	21.27	26.66	24.64
c/P_{GDP}/%	61.27	60.32	62.45
c/P_{EGDP}/%	75.58	78.13	78.93
c/P_{NDP}/%	68.81	70.55	73.74
c/P_{EDP}/%	86.47	96.20	97.85

结合重庆市的实际情况，对重庆市 2018—2020 年社会经济生产中的自然资源耗减价值成本进行核算，主要从四个方面考虑，分别是土地资源耗减价值、能源矿产资源耗减价值、水资源耗减价值以及森林资源耗减价值。从这些方面可以得出社会经济发展进程中，评估对自然资源的消耗程度，有利于人们合理规划利用自然资源。

将水资源的具体情况建立一个准确的现实估价体系，尚不是一个简单可操作的事情。即便在稀缺的自然资源门类中，水资源的具体利用没有因为缺少而建有相应的保护控制机制，水资源往往定价不高，与真实价值相差甚远。对水资源的使用进行核算研究时，仍以工业用水、居民用水与城镇公共用水这三个方面为主要成分，使用市场法进行水资源的价格预估，即使水资源的卖出价格无法体现真正价值。

森林生态系统是地球生态系统的核心一环，其在维护人类生活环境、保持生态系统多样性等功能上是不可或缺的。所以，森林资源下降价值核算在绿色国民经济核算中是重要的一环。森林资源对于自然资源多样性的阐释也有重要意义，森林包括林地和木材，森林不仅提供木材资源，还提供其他资源和环境服务。

土地资源的类别有耕地、居民区、林地、园地、交通用地、水域、工矿用地、牧草地与未开发地。土地资源下降成本核算有两点需要阐明；首先，核算时涉及林地资源的价值量涨落数值纳入森林资源下降核算内，意味着林地资源不在土地资源下降数值内。其次，因为草地、居民点和工矿用地、水域和余下某类土地利用类型的基础统计数据缺失，行业收益无法确定，上述六项并未纳入此次核算。所以，在进行具体核算步骤时，将土地资源下降价值用耕地资源下降价值替代。

通过构建的重庆市绿色 GDP 核算模型及绿色 GDP 的计算公式，得出重庆市 2018—2020 年的绿色 GDP 核算结果，见表 7-3。

表 7-3 重庆市 2018—2020 年绿色 GDP 核算结果 单位：万元

项目	2018 年	2019 年	2020 年
GDP	203 631 900	215 888 000	236 057 700
减:			
资源耗减成本	15 337 199.19	15 951 321.15	17 163 387.29
环境退化成本	5 041 662.59	4 621 725.46	8 997 227.95
加:			
生态效益价值	995 875.79	1 157 417.40	1 222 888.19
绿色 GDP	184 248 914.00	196 472 370.80	211 119 973.00

绿色 GDP 占总 GDP 比重越大，说明该地区现在的发展状况是绿色可持续发展的，但仅通过绿色 GDP 与 GDP 的比较并不能作为地区经济发展状况的依据。我国有资源主导型城市，这种城市的绿色 GDP 与 GDP 的比值一般很低，如 2001—2016 年，陕西榆林绿色 GDP 与 GDP 的比值在 25%～57.5%波动；山西大同绿色 GDP 与 GDP 的比值在 2002 年为 60.24%。不同于资源主导型的城市，其城市的绿色 GDP 与 GDP 的比值会明显高很多，如 2006—2011 年江苏省绿色 GDP 与 GDP 的比值在 85.16%～87.22%波动，2002—2005 年成都市绿色 GDP 与 GDP 的比值在 92.48%～94.26%波动。核算出 2018—2020 年重庆市绿色 GDP 与 GDP 的比值分别为 90.30%、91.01%、89.44%，表明重庆市的经济发展对资源环境的依赖程度相较于资源型地区而言较低。

思考题

1. 简述生态环境价值的内涵及其构成。
2. 生态环境价值评估方法主要有哪些？并判断其适用条件。
3. 简述生态环境经济核算的含义及其模型适用性。

第 8 章　环境低碳经济学

工业革命促进了社会发展，但也引发了一系列环境污染和资源利用不充分、不平衡等问题；碳排放超标是近现代以来地球所面临的重要环境问题之一。

目前环保意识普遍根植于各个国家的发展理念中。针对全球气候变暖问题，低碳排放成了社会发展的前提。低碳排放是全球贯彻的技术要求，也是环境经济发展的立足点和出发点。本章主要简述低碳经济的起源和内涵，碳排放的测度，碳排放库兹涅茨曲线和低碳经济的技术与途径。

8.1　低碳经济的起源及内涵

8.1.1　低碳经济的起源

自第一次工业革命以来，温室气体排放量持续增加，造成气候变暖、臭氧层破坏、冰盖融化、海平面上升等一系列问题。为阻止气候变暖趋势加剧，全球不断提出对策：《联合国气候变化框架公约》要求发达国家在 2000 年之前将他们释放到大气中的二氧化碳及其他温室气体的排放量降至 1990 年的水平，并将相关技术和信息转让给发展中国家；《京都协定书》中提出把市场机制作为解决以二氧化碳为代表的温室气体减排问题的新路径；《巴黎协定》明确提出将全球温升幅度控制在 2℃内，并为 1.5℃目标而努力，同时在 21 世纪下半叶实现净零排放。我国明确提出 2030 年实现碳达峰，2060 年实现碳中和。

因此，低碳措施与经济发展密不可分。低碳经济的起源可以从生态环境、政治经济两方面的背景进行分析。

8.1.1.1　生态环境背景

生态是指生物和生物之间以及生物与周围环境之间的相互联系及相互作用。近年来全球升温、酸雨和臭氧层破坏等生态环境问题越来越多，对社会发展造成的危害也越来越大。

世界气象组织（WMO）发布《2020年全球气候状况报告》指出2020年是有记录以来最暖的三个年份之一，全球平均温度较工业化前水平高出1.2℃左右；截至目前，全球温室气体的浓度持续上升，二氧化碳浓度已超过 410×10^{-6}；多地气温异常，洪涝和干旱频发。《2021年全球气候状况报告》指出温室气体浓度、海平面上升、海洋热量和海洋酸化四项关键气候变化指标再创新高。除环境问题外，新冠疫情也使得极端天气事件和经济冲击的复合影响进一步加剧，在一定程度上破坏了近几十年来全球粮食安全保障，越来越多的国家面临饥荒风险。

酸雨指pH小于5.6的大气降水，属于酸性沉降中的湿沉降，按其酸性物质不同可分为硫酸型和硝酸型。酸雨的成分主要为自然活动（如生物活动、森林火灾和火山爆发等）和人为活动（如化石能源燃烧、交通运输、工业生产等）中产生的硫化物和氮氧化物，广泛分布于欧洲、北美以及中国西南部。酸雨会导致土壤酸化，结构板结，矿物质以及营养元素流失；造成水体酸化，进而危害水体生态环境；腐蚀室外建筑，造成经济损失。近年来，我国不断加强环保措施，酸雨问题已经得到极大改善；《2021年中国生态环境公报》展示2021年的酸雨频率和出现酸雨的城市比例低于2020年。

臭氧层大多分布在距地面20～50 km的大气中，可保护地球上的人类和动植物免遭短波紫外线的伤害，吸收太阳光中的紫外线并将其转换为热能加热大气。臭氧氧化性极强，容易消耗臭氧层物质主要包括四氯化碳、CFCs（氯氟烃）、溴甲烷、全溴氟烃等；这些物质在平流层中受紫外线照射活化后，对臭氧产生消耗作用。臭氧层破坏后，紫外线辐射明显增强，对人体健康和生态环境造成负面影响。1985年英国科学家首次在南极发现臭氧空洞，随后世界各地陆续出现臭氧空洞；针对这种现象，国际上先后通过了《关于臭氧层保护计划》《保护臭氧层维也纳公约》《关于消耗臭氧层物质的蒙特利尔议定书》，号召全球制定并实施有关保护臭氧的工作。

8.1.1.2 政治经济背景

以辩证唯物主义和历史唯物主义的眼光来探索人类社会的发展，可以发现科学技术的衍生与发展往往需要政治和经济的支撑，因此不该将“低碳”单纯看作一个科技指标，只需推动技术创新或者只要改变现有资源和能源结构便足以解决该问题。事实上，能源问题是一个涉及多方因素的复杂问题。20世纪以来，能源失衡造成的环境问题在美国和欧盟等国家日益突出，因此发达国家率先提出“碳减排”的概念，通过发展新能源获得环境效益和经济效益；而相对落后的发展中国家的主要能源还是传统的化石能源。两方的技术差异使发达国家无法在发展中国家销售新能源获利，因此发达国家推动了全球的“碳政治”格局，促使越来越多的国家将能源问题作为政治方针，相继提出碳减排、碳交易等措施。

全球气候变暖问题需要各个国家的协同治理，在此过程中，政治、经济和科技既是驱动因素，也是约束因素。三者相辅相成，政治意愿取决于经济利益的判断，经济利益则立足于良好的科学认知。作为有责任、有担当的大国，我国积极响应国际社会号召，认真履行国际气候公约，以期为全球气候保护和经济发展作出贡献。但现阶段我国要发展低碳经济还面临诸多发展困难和挑战，如经济和资源的约束，开发成本高，生产规模小等。客观来说，我国现在正处于工业化后期阶段，长期仍然要以传统能源为主；结合我国现阶段的经济发展和科学技术，要想在短时间内完成能源结构的转化、完成碳减排还存在很大困难。

随着一次能源的减产，早年为了经济而牺牲环境的粗放型增长方式已经背离了时代需求，这就是低碳经济产生的经济背景。低碳经济的发展立足于经济和产业，经济发展方式需要作出转变，需求结构和产业结构也要作出调整并优化升级。在经济全球化的时代背景下，低碳经济既能应对气候变化，又能发展经济，但对于发展中国家来说，低碳经济更是一个机遇和挑战。

8.1.2 低碳经济的内涵

“低碳经济”一词最早出现在英国于 2003 年发布的能源白皮书《我们能源的未来：创建低碳经济》。英国在工业革命中得到极大的发展，同时率先意识到合理利用能源的重要性；日益严重的环境污染迫使英国的能源从自给自足开始转变成进口消费。该白皮书提出英国能源战略的首要目标是实现低碳经济，总体目标为到 2050 年从根本上把英国变成一个低碳国家。2007 年美国参议院提出了《低碳经济法案》，即改造传统高碳产业；加强低碳技术创新；应用市场机制与经济杠杆促使企业减碳等。中国环境与发展国际合作委员会于 2009 年发布的《中国发展低碳经济途径研究》将“低碳经济”定义为“一个新的经济、技术和社会体系，与传统经济体系相比在生产和消费中能够节省能源，减少温室气体排放，同时还能保持经济和社会发展的势头”。总体来说，低碳经济是低碳产业、低碳技术、低碳生活等一类经济形态的总称。

低碳经济有“三低”特征，即低能耗、低排放、低污染。

（1）低能耗。粗放型经济需消耗大量能源，且对能源的利用也不够充分，往往会导致能源浪费；随着低碳经济的提出和发展，低能耗成为社会发展的要求之一。越来越多的国家在生产源头、过程和末端环节中提出新能源的开发和清洁生产理念：源头选用低污染的新型能源；过程选择高效率低能耗的生产方式；末端对废弃物采取资源再生的处理处置方式。

（2）低排放。《京都议定书》规定了六种主要的温室气体分别是二氧化碳、甲烷、氧化亚氮、六氟化硫、氢氟碳化合物和全氟碳化合物。在后来的多哈会议上，又添加了第七种温室气体——三氟化氮。化石能源产生的污染物除硫化物和氮氧化物之外，也会产生大量以二氧化碳为主的温室气体。节能减排成为实现低碳经济的重要途径之一；我国“双碳”中的“碳中和”即指在碳排放进入平台期后，通过节能减排手段降低大气中的碳含量。

（3）低污染。人类在生活生产中产生的废弃物远远超出环境容量和环境自净负荷，必须采取手段降低污染。除了研发清洁能源、采用清洁生产外，人们的主观能动性也会对碳减排产生深远影响，因此我国极力提倡国民秉持环保理念，低碳生活，避免高碳消费。

在全球化趋势下，人类命运共同体的重要性日益显著。为了全人类的未来，我国积极投身于环境保护的事业中，借鉴发达国家的理论和经验，大力发展低碳经济来应对全球金融危机。尽管低碳经济带动的新能源具有极大的发展前景，而且低碳产品的投入也可以带来极大的投资回报收入，但是目前中国在发展低碳经济的过程中仍然面临许多局限，如目前的生产技术主要还依赖传统能源，短期内无法实现能源结构的转化；我国人口众多，国际社会要求碳减排的压力与日俱增；低碳经济会对我国现有消费结构造成一定程度的冲击，而且实现低碳经济需要巨大的投资成本，这意味着我国现有经济会面临较大压力。因此我们更需谨慎务实，要抓住机遇，迎接挑战，力争成为碳减排的先锋，实现能源的可持续发展。

8.2 碳排放的测度

8.2.1 中国碳排放

（1）中国经济与产业结构现状分析。中国的经济发展与产业结构之间紧密相连，《国民经济行业分类》（GB/T 4754—2017）标准中将我国产业结构分为三部分。目前第二产业和第三产业在我国产业结构中分别占较大比重；2022 年国家统计局宣布的三次产业结构十年变化趋势为第三产业比重上升，第一产业和第二产业的比重降低。近年来我国国内生产总值（GDP）水平不断上升，国家统计局发布的 2021 年国民经济运行情况中，我国 GDP 和经济增速与上年相比皆有增长，人均国内生产总值为 1.25 万美元，超过世界人均水平。

（2）中国能源消费总量及碳排放量分析。根据国家统计局发布的《能源统计年鉴》可知，1978—2020 年，我国能源消费总量逐年上升，其中煤炭、石油和天然气构成的化石能源在能源消费总量中的比重逐年下降，一次电力及其他能源的占比逐渐增加（表 8-1）。

表 8-1　1978—2021 年我国能源消费总量及构成变化

年份	能源消耗总量/万 t 标准煤	占能源消费总量的比重/%			
		煤炭	石油	天然气	一次电力及其他能源
1978	57 144	70.7	22.7	3.2	3.4
1980	60 275	72.2	20.7	3.1	4.0
1985	76 682	75.8	17.1	2.2	4.9
1990	98 703	76.2	16.6	2.1	5.1
1991	103 783	76.1	17.1	2.0	4.8
1992	109 170	75.7	17.5	1.9	4.9
1993	115 993	74.7	18.2	1.9	5.2
1994	122 737	75.0	17.4	1.9	5.7
1995	131 176	74.6	17.5	1.8	6.1
1996	135 192	73.5	18.7	1.8	6.0
1997	135 909	71.4	20.4	1.8	6.4
1998	136 184	70.9	20.8	1.8	6.5
1999	140 569	70.6	21.5	2.0	5.9
2000	146 964	68.5	22.0	2.2	7.3
2001	155 547	68.0	21.2	2.4	8.4
2002	169 577	68.5	21.0	2.3	8.2
2003	197 083	70.2	20.1	2.3	7.4
2004	230 281	70.2	19.9	2.3	7.6
2005	261 369	72.4	17.8	2.4	7.4
2006	286 467	72.4	17.5	2.7	7.4
2007	311 422	72.5	17.0	3.0	7.5
2008	320 611	71.5	16.7	3.4	8.4
2009	336 126	71.6	16.4	3.5	8.5
2010	360 648	69.2	17.4	4.0	9.4
2011	387 043	70.2	16.8	4.6	8.4
2012	402 138	68.5	17.0	4.8	9.7
2013	416 913	67.4	17.1	5.3	10.2
2014	428 334	65.8	17.3	5.6	11.3
2015	434 113	63.8	18.4	5.8	12.0
2016	441 492	62.2	18.7	6.1	13.0
2017	455 827	60.6	18.9	6.9	13.6
2018	471 925	59.0	18.9	7.6	14.5
2019	487 488	57.7	19.0	8.0	15.3
2020	498 314	56.9	18.8	8.4	15.9
2021	524 000	56.0	18.5	8.9	16.6

《2006 年 IPCC 国家温室气体清单指南》（以下简称《指南》）表明温室气体的主要来源有四类：能源活动，工业生产，农业、林业和其他土地利用过程，废弃物处理。其中能源活动通常是温室气体排放清单中最重要的来源。从发达国家来看，能源活动排放的温室气体占总量的 75%，二氧化碳排放量占碳排放总量的 90%以上；由此可以看出，能源的消费对于碳排放量的贡献十分重要，主要以化石能源消费角度来分析碳排放量。

《指南》中，化石能源燃烧碳排放的测算公式为：

$$\mathrm{COE}=\sum E_i \times f_i$$

式中，COE 为（化石）能源的碳排放总量；E_i 为第 i 种能源的消耗量；f_i 为第 i 种能源的碳排放因子。我国第 i 种化石能源的排放因子计算公式如下：

$$f_i=\frac{c_i \times o \times (44/12) \times 1\,000}{10^9 / j_i}$$

式中，c_i 为第 i 种化石能源的缺省碳含量，即单位能源碳含量；o 为能源氧化因子，即单位能源燃烧产生的二氧化碳占比；j_i 为第 i 种化石能源的平均单位发热量，即燃料完全燃烧时，其燃烧产物中的水蒸气以气态形式存在时的发热量；$10^9/j_i$ 为发热一万亿焦耳的第 i 种能源的质量；f_i 为中国第 i 种能源特有的二氧化碳排放因子。

化石能源种类纷杂，每种化石能源的计量单位并不相同，二氧化碳排放因子的标准单位是每吨标准煤的能源消耗带来的二氧化碳排量。因此，为了方便计算不同化石能源燃烧的碳排放量，引入折标煤系数 d_i，代表将不同化石能源统一为吨标准煤。化石能源计量单位统一之后，COE 计算公式如下：

$$\mathrm{COE}=\sum_{i=1}^{n} E_i \times d_i \times f_i$$

式中，COE 为中国能源二氧化碳排放总量；E_i 为第 i 种能源的消费量；d_i 为第 i 种能源的折标煤系数；f_i 为中国第 i 种能源特有的二氧化碳排放因子。

碳排放强度是指碳排放量与国内生产总值（GDP，剔除价格因素）之比。

$$\mathrm{CE}=\frac{\mathrm{COE}}{\mathrm{GDP}}=\frac{\sum_{i=1}^{n} E_i \times d_i \times f_i}{\mathrm{GDP}}$$

8.2.2 碳排放主要影响因子分析

碳排放受到多方面综合影响，因此在分析碳排放影响因子的过程中，经常考虑不同因子在不同时间和空间的贡献率。目前常见的碳排放影响因子分析方法有 Laspeyres 指数法和 Divisia 指数法。Laspeyres 指数法是以基期的数量指标作为权重的加权综合指数，同度量因素固定在基期。Divisia 指数法常见的有简单平均 Divisia 指数法（AMDI）、对数平均 Divisia 指数法（LMDI）、完全因素分解法（CDM）等。考虑到 LMDI 主要针对影响因素对变量影响的贡献率，其优点是没有残差，可以处理出现零值的情况，运用广泛；因此本书选用 LMDI 对碳排放主要影响因子进行分析。

$$\text{COE}=\sum_i\sum_j f_{ij}\cdot m_{ij}\cdot t_i\cdot s_i\cdot g\cdot p$$

其中：$f_{ij}=\dfrac{\text{COE}_{ij}}{E_{ij}}$，$m_{ij}=\dfrac{E_{ij}}{E_i}$，$t_i=\dfrac{E_i}{Y_i}$，$s_i=\dfrac{Y_i}{Y}$，$g=\dfrac{Y}{P}$，$p=P$

式中，COE 为中国能源二氧化碳排放总量；i 为不同产业；j 为不同能源；f_{ij} 为不同类型能源的碳排放量；m_{ij} 为第 i 种产业第 j 种能源占第 i 种产业所有能源消费的比重，即该产业的能源结构；t_i 为第 i 种产业单位 GDP 的能源消费量，即该产业的能源强度；s_i 为第 i 种产业的生产总值占 GDP 总量的比重，即产业结构；g 为人均 GDP；p 为人口数量；COE_{ij} 为第 i 种产业中第 j 种能源产生的碳排放量；E_{ij} 为第 i 种产业中第 j 种能源的消费量；E_i 为第 i 种产业的能源消费量；Y_i 为第 i 种产业的生产总值；Y 为生产总值；P 为人口规模。

（1）能源。目前以煤炭为主的化石能源为我国主要消耗能源。作为工业大国，清洁煤技术的局限导致煤炭在消耗过程中产生了大量二氧化碳，这意味着化石能源结构的消费与碳排放量呈正相关。除了能源结构外，能源强度也是碳排放的重要影响因素。第一产业的能源强度先增加后降低，第三产业逐步降低，第二产业的降幅最大。因此我国应该针对第二产业发展碳减排技术。

（2）GDP。经济发展水平和碳排放之间具有极强的关联性，具体用环境库兹涅茨曲线模型（EKC）来描述。在一个国家的经济达到一定水平之前，GDP 的增长伴随各种能源的消耗，温室气体的排放量随之增长；但当经济水平逐步上升到一个界限之后，在先进科学技术的支持下，清洁能源得到极大发展，相应的污染物和温室气体的排放大幅下降，同时满足经济和环境的共同发展。

（3）人口。中国人口占据世界人口总量的近 1/5，巨大的社会需求促进了碳排放量。目前随着我国老龄化现象日渐突出，即将迎来人口负增长阶段，因此人口对碳排放产生的压力也相应减少。除了人口数量外，人口流动也对碳排放产生了重大影响。根据国家统计局发布的数据可知，我国城镇化趋势逐年上升。城镇化与碳排放之间呈现倒 U 形关系，城镇化初期促进了碳排放，而后期促进了碳减排。总体来说，我国目前还处于发展阶段，需加强人们碳减排的环保意识，这无疑对全球温室气体的减排能够作出巨大贡献。

8.3 碳排放库兹涅茨曲线

8.3.1 环境库兹涅茨曲线理论

库兹涅茨曲线即为美国经济学家西蒙·史密斯·库兹涅茨提出收入分配状况随经济发展过程而变化的曲线。横轴通常表示经济发展的某些指标（通常为人均产值 GDP），纵轴表示收入分配不平等程度的指标；图像中的曲线呈倒 U 形，因而被命名为库兹涅茨倒 U 字假说，又称库兹涅茨曲线。20 世纪 90 年代，经济和环境的联系愈加紧密，环境库兹涅茨曲线（EKC）理论应运而生。该理论认为经济发展初期，工业技术落后，资源开采无节制，导致环境污染加剧；随着经济发展，科技进步，产业发展和经济增长，人们的环保意识也逐步提升，对环保方面投入的技术和资金逐步增加，污染物的排放相应趋于平缓，逐渐低于国民收入的增长幅度。简言之，就是国民经济的发展存在一个拐点，拐点之前，经济收入增加 1%，污染物的排放增幅必然大于 1%；拐点之后，经济收入增加 1%，污染物的排放降幅必然大于 1%（图 8-1）。由此可知，应该把握好经济和环境之间的平衡，加强自然生态系统的自我调节能力，促进与经济的共同发展。

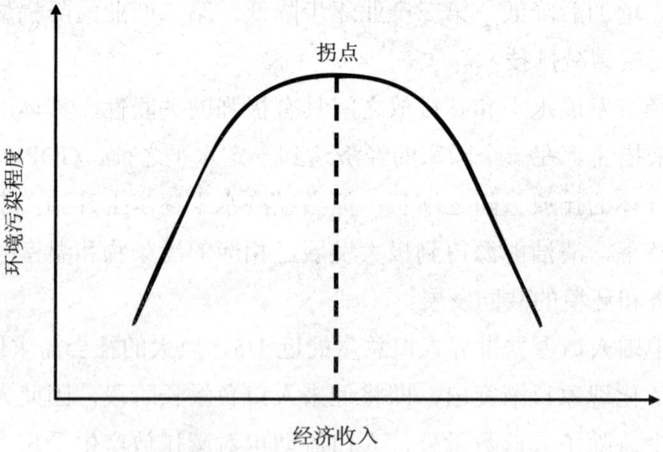

图 8-1 环境库兹涅茨曲线

国内的学者对我国 EKC 曲线持有三种不同看法。第一，我国 EKC 曲线呈倒 U 形，即随着经济收入的提高，环境污染程度先增加后降低，符合经典 EKC 曲线；但是发达国家的 EKC 曲线形状是不确定的。第二，我国 EKC 曲线的纵坐标意为环境效率，即随着经济收入的提高，环境效率先增加后降低。第三，我国 EKC 曲线形状取决于污染物种类，这意味着要确定我国 EKC 曲线就需要考虑多方面因素。

尽管环境库兹涅茨曲线的形状和含义不尽相同，但拐点始终是环境库兹涅茨曲线的分析关键，该点被称为“生态拐点”，即在经济发展过程中，生态环境改善的分界点。一般认为当一个国家非农业人口所占比重达到 60%～70%，人均地区生产总值（GDP）达到 1 000 美元时，收入分配差距达到倒 U 形曲线的最高点，即达到库兹涅茨倒 U 形曲线由上升转变为下降的拐点。国际货币基金组织（IMF）公布 2021 年中国人均 GDP 为 12 359 美元，全球排名第 60 位，虽然超出理论 GDP 标准，但是考虑到我国现阶段发展不平衡、不充分的问题，还需进一步大力发展经济，减少收入差距，正确处理经济增长和环境质量之间的关系。

8.3.2 环境库兹涅茨曲线模型

经典的 EKC 曲线为倒 U 形，但是大量的实证研究表明，环境污染程度和经济收入之间还存在单调递增关系、单调递减关系、U 形关系、N 形关系和倒 N 形关系。

（1）单调递增。在单调递增 EKC 曲线图（图 8-2）中，环境污染程度随经济收入的增长而增长。一方面意味着经济增长并不一定会改善环境质量；另一方面表明可能由于经济增长时间跨度过小，难以看出环境质量提升的趋势。

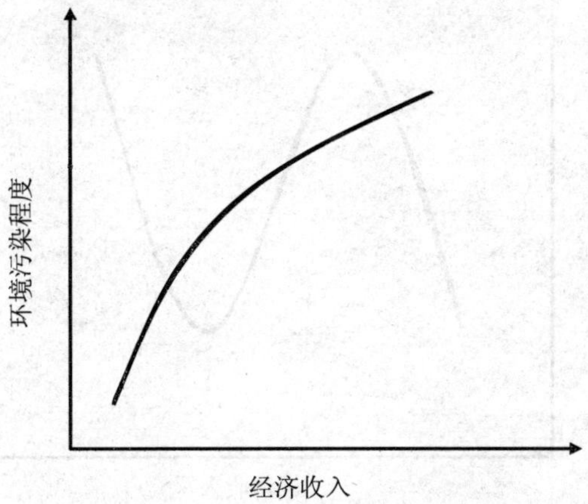

图 8-2 单调递增型 EKC 曲线

（2）单调递减。在单调递减 EKC 曲线图（图 8-3）中，环境污染程度随经济收入的增长而下降，表明环境质量和经济发展达到“双赢”效果。这种趋势的出现同样可能因为经济增长的时间跨度过小。

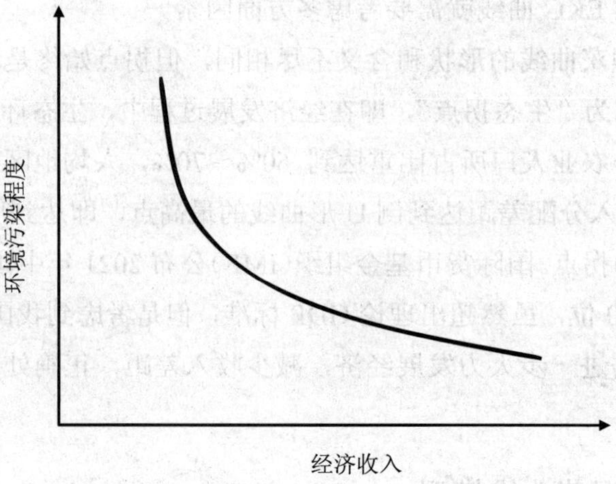

图 8-3　单调递减型 EKC 曲线

（3）N 形关系。在 N 形 EKC 曲线图（图 8-4）中，随着经济收入增长，环境污染程度先增长到第一个拐点之后，再下降到第二个拐点，后继续上升。该模型证实了“重组假说”，即环境污染程度和经济收入不会始终保持倒 U 形；当经济收入持续增长，可能会导致环境污染程度和经济收入之间的重新组合，呈现 N 形关系。

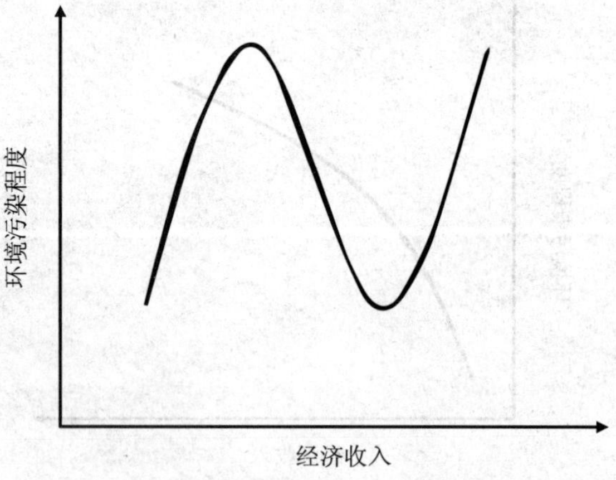

图 8-4　N 形 EKC 曲线

（4）倒 N 形关系。在倒 N 形 EKC 曲线图（图 8-5）中，随着经济收入增长，环境污染程度先下降到第一个拐点之后，再上升到第二个拐点，后继续下降。同 N 形关系一样，倒 N 形关系也证实了“重组假说”，展现出了经济收入和环境污染程度的重组。

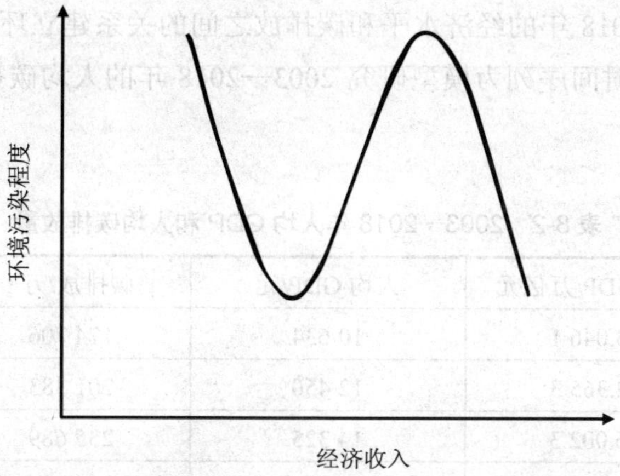

图 8-5　倒 N 形 EKC 曲线

环境库兹涅茨曲线的计量模型主要有面板数据分析和时间序列分析，面板数据分析是在时间序列分析的基础上加入了除经济收入之外的其他因素。基于时间序列分析的 EKC 的模型设定主要有一次型、二次型和三次型，表达式如下。

一次型：$Y_t = \beta_0 + \beta_1 X_t + \varepsilon$

二次型：$Y_t = \beta_0 + \beta_1 X_t + \beta_2 X_t^2 + \varepsilon$

三次型：$Y_t = \beta_0 + \beta_1 X_t + \beta_2 X_t^2 + \beta_3 X_t^3 + \varepsilon$

对数形式：$\ln Y_t = \beta_0 + \beta_1 \ln X_t + \beta_2 \ln^2 X_t + \beta_3 \ln^3 X_t + \varepsilon$

式中，Y 为环境污染指标；X 为经济增长指标；t 为时间指标；ε 为随机误差项；β_0、β_1、β_2 和 β_3 为模型的待估参数。

8.3.3　碳排放与库兹涅茨曲线

冯利英采用时间序列计量模型对碳排放进行分析，分别从经济发展水平、产业特征和能源效率三方面进行 KEC 实证分析。

（1）经济发展水平

$$\ln Y_t = \beta_0 + \beta_1 \ln X_t + \beta_2 \ln^2 X_t + \beta_3 \ln^3 X_t + \varepsilon$$

式中，Y 为人均二氧化碳排放量；X 为人均 GDP。

（2）产业特征

$$Y_t = \beta_0 + \beta_1 X_t + \beta_2 X_t^2 + \varepsilon$$

式中，Y 为人均二氧化碳排放量；X 为第二产业产值比重。

（3）能源效率

$$Y_t = \beta_0 + \beta_1 X_t + \beta_2 X_t^2 + \varepsilon$$

式中，Y 为人均二氧化碳排放量；X 为能源强度。

以中国 2000—2018 年的经济水平和碳排放之间的关系建立环境库兹涅茨曲线模型进行分析。以 EKC 时间序列为模型研究 2003—2018 年的人均碳排放量和人均 GDP，数据见表 8-2。

表 8-2 2003—2018 年人均 GDP 和人均碳排放量

年份	实际 GDP/万亿元	人均 GDP/元	碳排放/万 t	人均碳排放/t
2003	13.046 1	10 634	174 706	1.361 9
2004	14.365 3	12 450	201 383	1.549 2
2005	16.002 3	14 325	235 689	1.802 5
2006	18.037 7	16 693	249 045	1. 8946
2007	20.604 7	20 441	265 093	2.006 3
2008	22.594 1	24 039	273 358	2.058 4
2009	24.717 8	26 115	313 664	2.350 4
2010	27.346 8	30 734	342 740	2.556 0
2011	29.958 7	36 214	373 099	2.769 1
2012	32.313 3	39 775	395 507	2.920 9
2013	34.823 6	43 577	408 311	3.000 7
2014	37.409 1	47 050	403 444	2.949 5
2015	40.043 4	50 112	393 840	2.865 1
2016	42.785 9	53 980	388 619	2.810 6
2017	46.692 8	59 855	390 876	2.811 9
2018	50.146 8	65 880	397 815	2.850 9

由表 8-2 中的数据可看出，GDP 和碳排放量逐年增加，但是人均碳排放量的增幅相对较小，这意味着经济的高速增长并没有以完全牺牲环境为代价。使用软件（Eviews 9.2）和 ADF（Augmented Dickey-Fuller）对人均 GDP 与人均碳排放以及两者的一阶与二阶进行单位根检验；ADF 检验可用于验证时间序列的平稳性假设。最终结果如表 8-3 所示。

最终可得模型方程为：

$$\ln Y = 9.079 - 0.523\ln X_t + 2.884\ln^2 X_t - 1.190\ln^3 X_t$$

该模型的线性回归系数 R^2 为 0.96，F 检验值 128.92，具有显著相关性；方程符合倒 N 形 EKC 曲线。这意味着在 2000—2018 年，我国 GDP 和碳排放量并非简单的线性关系；而是随着经济收入增长，环境污染程度先下降后上升，再继续下降。

表 8-3　GDP 与碳排放的 ADF 单位根检验结果

序列	ADF 检验值	1%临界值	5%临界值	10%临界值	结论
lnGDP	6.93	−3.86	−3.04	−2.66	非平稳
lnGDP（1）	−1.43	−3.89	−3.05	−2.67	非平稳
lnGDP（2）	−4.95	−3.92	−3.07	−2.67	平稳
lnC	−2.12	−3.89	−3.05	−2.67	非平稳
lnC（1）	−1.87	−3.89	−3.05	−2.67	非平稳
lnC（2）	−3.29	−4.00	−3.10	−2.69	平稳

8.3.4　碳排放脱钩理论

“脱钩”是一个物理学名词，原指两个或多个相应物理量不再具有相关关系，引申到环境经济学中，意为环境受到较轻污染或者资源得到较少消耗，而经济得到快速的发展。低碳经济中的脱钩是指碳排放和经济增长之间的关系，共有两种体现趋势：绝对脱钩和相对脱钩。绝对脱钩又称强脱钩，是指碳排放量随着经济的增长而降低；相对脱钩又称弱脱钩，是指碳排放量随着经济的增长仍然具有上升趋势，但是上升幅度逐渐平缓。

将脱钩理论用于评价碳排放和经济发展的关系，中国省域碳排放和经济发展现状存在显著区域差异，其脱钩演变趋势也不相同。从目前来说，中国各省普遍处于 EKC 曲线拐点之前，碳排放量和经济逐年升高，但是碳排放强度每年下降 3%～7%。中国的脱钩指数（能源消耗量或碳排放量与 GDP 的比值）在过去十年间一直减少，总的变化趋势是由弱脱钩向强脱钩转变。我国发展不平衡、不充分的矛盾短期内依然存在，需加强相关经济建设，控制碳排放，争取早日实现强脱钩的转变。

8.4　低碳经济的技术与途径

低碳经济涉及多方面因素，低碳经济发展的技术与途径同样也种类繁多。需注意的是，尽管技术与途径种类广泛，但彼此之间联系紧密，具有协同效应，合理应用往往能起到“1+1＞2”的作用。技术与途径建立在成熟的理论基础上，同时需要实践来验证。通过学习国外低碳经济发展的技术与途径，大致可以分为四个方面：技术、经济、能源和制度。

8.4.1　技术方面

此处的技术主要指以科学的碳减排技术。该技术途径主要分为两方面，一方面为源头低碳，另一方面为末端低碳。源头低碳技术主要为碳减排，末端技术主要为碳捕集和碳封存（CSS）。

（1）碳减排。目前中国二氧化碳排放量最大的领域主要有建筑、电力、工业生产、交通运输以及农业。建筑行业中，高碳建材是二氧化碳的主要来源；相比之下，木材不仅低碳环保，而且绿色可再生，节能减排的“绿色建筑”同样符合国人传统审美观，极富应用价值。目前在我国北方，发电方式仍多用火力发电，这势必要消耗大量煤炭，排放出的二氧化碳含量也不容小觑，该背景下亟须清洁煤技术的发展与创新，减少电业碳排放。工业生产中，以钢铁为首的冶金行业排放的二氧化碳尤为显著；要推动钢铁企业全面绿色转型，就要从源头优化原料结构，在生产过程中控制粗钢产量，淘汰落后产能，研发高性能高效能的钢材发展绿色经济。北京大学曾对交通运输行业碳减排潜能进行预测与分析，结果显示，低碳发展、技术进步、结构优化皆有助于交通运输碳减排；具体减排技术体现为新能源运输装备和清洁能源的应用；绿色出行也可辅助碳达峰和碳中和的目标达成。对于农业来说，生态农业有利于环境和人体健康，兼有经济效益和生态效益；生态农业中施用的绿色化肥在一定程度上可避免在耕作和作物生长过程中释出二氧化碳；同时应加大退耕还林力度，利用森林植物光合作用对大气中的二氧化碳进行吸收，建立碳汇，以达到减碳目的。

（2）碳捕集和碳封存。碳捕集和碳封存最初应用于清洁煤技术，捕集并封存向大气中排放的二氧化碳。碳捕获技术可分为燃烧前捕获、燃烧后捕获和富氧燃烧捕获。燃烧前捕获技术从源头入手，对原材料进行脱碳处理；燃烧后捕获技术是指去除燃烧后产生的二氧化碳；富氧燃烧捕获指通过将燃料进行纯氧燃烧，然后将富含 CO_2 和水蒸气的烟气尾气进行回收富集，以降低 CO_2 捕集能耗的技术。目前最常见的碳封存手段有海洋封存、地质封存、植被封存以及工业应用。海洋封存是指将二氧化碳储存于海水或者深海海床；海水固碳能力极强，但易受环境影响。地质封存是指将二氧化碳压缩液注入孔隙率高、渗透性好、具有良好储存能力的稳定的地下岩层构造中，该技术最为成熟，经济成本较低。植被封存是指利用植物光合作用封存二氧化碳，该技术成本低，不会造成二次污染，但是目前中国林木质量较差，多以幼林和残次林为主，还需从质量和数量上进行林木优化。在工业中，捕集的二氧化碳作为碳源，可用于小分子化合物、高分子材料和能源化学品的生产，达到循环利用的效果。

8.4.2 经济方面

（1）低碳城市。“低碳城市”这一概念最先由国外提出，欧美发达国家主要把可持续发展理论和循环经济思想为理论基础，在能源、交通、生产和生活等领域发展低碳技术。在中国，“低碳城市”是指从政府管理层及居民以低碳生活为理念和行为特征，以低碳经济为发展模式，建设低碳社会的城市。根据《2009 中国可持续发展战略报告——探索中国特色的低碳道路》可知，低碳城市的特征有经济性、安全性、系统性、动态性、区域性；根据该特征可认为低碳城市的实现途径主要从生产、消费入手。在生产方面，推广新能源，发展清洁技术，产业全面转向低碳结构，具体体现在用低碳或者无碳技术替代高碳技术，将新能源应用于交通、取暖、照明等各个方面，设计端选用节能低耗材料，运行端选用清洁能源运行方式。在消费方面，主张在第三产业中的金融、物流等服务领域积极发展低碳技术，同时降低第二产业碳排放比重，对各个行业建立合理的碳排放下限，全面扶持和推进低碳产业，实现高碳产业的逐步转型。

（2）碳交易。碳交易是指利用市场机制来减少温室气体的排放。在《京都协议书》中规定在 6 种被要求排减的温室气体中，二氧化碳占比最重，所以这种交易以每吨二氧化碳当量为计算单位，其交易市场称为碳市场。需要注意的是，碳排放权作为商品，既具有使用价值，也具有价值。因此，碳排放权价格一方面与能源产品价格有关，另一方面也取决于市场需求。与传统行政管理手段相比，碳市场对企业既产生了碳排放的责任压力，也提供了碳减排的经济激励。降低全社会的碳减排成本，并且带动绿色技术创新和产业投资，可以有效调节好碳减排和经济发展之间的关系。然而中国作为发展中国家，在碳交易问题上还存在一些局限：中国工业化发展尚处于加速阶段，能源消耗和碳排放总量在一定时间内仍然持续增长；长期的粗放型经济发展使得民众和企业的节能降耗意识普遍较低，未能建立起完善规范的碳交易制度；减排过于依赖行政，忽略市场调节的力量；在国际碳市场中，我国创造的碳减排量收益有限，现阶段难以得到其他国家的重视。

（3）低碳消费。消费是经济发展的重要环节，低碳消费无疑是低碳经济背景下生产力和生产关系的主要消费之一。低碳消费渗透在我们日常的衣食住行中；对于人口庞大的中国，人群的低碳消费对碳减排带来的贡献不容小觑。“十四五”期间，中共中央、国务院出台《“十四五”扩大内需战略实施方案》，从消费、产品和意识形态三方面入手，分别提出了绿色消费的激励机制，绿色产品的认证体系以及推崇低碳生活的新时尚。尽管低碳消费的理念已经受到普遍的认可，但是目前低碳消费的发展还面临消费者、企业、市场机制以及政府四个层面的限制。部分消费者环保意识淡薄，存在浪费资源和缺少节能减排的意识；企业面临清洁生产技术有限、低碳产品开发不到位的问题；市场尚没有建立完善的低碳产业的管理机制，在技术服务、资金服务和信息服务等方面都存在不完善的问题；政府环保法律体系不完善，还需进一步对低碳市场进行宏观调控。

8.4.3 能源方面

中国要实现低碳经济转型，能源战略首先要作出调整。一方面要根据能源需求管理碳排放，进而优化单从能源供给侧考虑满足能源需求的传统能源战略；另一方面要以约束二氧化碳排放量为重点，推动清洁能源逐渐取代传统化石能源的结构转型。

（1）新能源开发。目前，新能源主要包括太阳能、氢能、核能、化学能、生物质能、风能、地热能和海洋能等。新能源的开发是解决环境污染问题和能源危机的关键。从目前来说，全球对新能源的开发与应用呈上升趋势。新能源是化石能源良好的替代品，其特征清洁环保，几乎不会造成环境污染，缓解了全球变暖的压力。但是目前新能源的开发还存在许多难点，以电力行业为例，风电和光伏发电仍存在电热和电网配套送出、规划建设不同步、电力消化及吸纳困难、补贴资金不能及时到位的问题。除了技术难以支撑应用外，新能源还存在产能过剩、投资成本高、缺乏相应的标准和规范等问题。

（2）低碳能源替代。能源替代是指用风能、水能、太阳能、生物质能等可再生的清洁能源代替煤、石油、天然气等化石能源。随着一次能源的储存量越来越少，各个国家对能源替代的发展也越来越重视。根据《中共中央 国务院关于完整准确全面贯彻新发展理念做好碳达峰碳中和工作的意见》指示，到 2060 年，我国非化石能源消费占比将由目前的 16%左右提升到 80%以上，清洁能源将替代传统化石能源成为能源消费的主力；“十四五”期间，我国将以高质量跃升发展作为可再生能源的发展主题，大力实施可再生能源替代行动。我国的太阳能、风能、可再生能源的开发不到 1/10，这些清洁能源在低碳能源替代领域有巨大前景。但是目前低碳能源替代也面临多重约束，一是可再生能源虽然对环境友好，但是往往需要投入巨大的综合成本；二是经济增长对能源有刚性需求，低碳能源在替代传统化石能源的过程中经常受到市场和技术的制约；三是传统化石能源是一些区域的主要能源支柱，如果强行换成低碳能源，可能会导致当地经济发展滞后；四是低碳能源完成替代后，如何安置在传统化石能源产业中的从业人员会成为一个敏感的社会问题。

（3）能源结构转型。作为发展中国家，我国目前的能源结构主要以煤、石油等化石能源为主，并且我国是世界上最大的煤炭生产国。中华人民共和国成立初期，煤炭占全国能源消费总量的 90%以上；经过多年的能源结构优化，国家能源局数据显示，2019 年煤炭消费占能源消费总量的比重为 57.7%，同年的清洁能源消费量占能源消费总量的比重为 23.4%。总体来说，我国能源结构逐渐由化石能源转向清洁能源。2020 年国务院发布《新时代的中国能源发展白皮书》强调，我国能源政策应坚持清洁低碳导向，加快能源绿色低碳转型，提高清洁能源和非化石能源消费比重。在能源结构转型的过程中，我国面临的挑战主要有四个方面：第一，尽管我国经济发展迅速，但短期内的经济水平仍不及发达国家，这对能源转型会产生不利的约束；第二，有关能源转型的市场机制仍然不够完善；第三，有关能源的技术发展较为落后，对实现我国碳达峰目标下的能源转型支撑不足；第四，化石能源仍然占据能源主导地位，清洁煤的技术还有待提升。

8.4.4 制度方面

目前，中国发展低碳经济和能源结构转型所面临的困难之一就是缺乏明确细致的制度管理体系。

（1）政策体系。政策体系是一个国家技术发展的骨架，多数发达国家对于低碳经济纷纷出台了相应的政策，如英国的《低碳工业战略》等相关政策；日本发布的《面向低碳社会的十二大行动》等政策草案；欧盟通过的《气候行动和可再生能源一揽子计划》等协议计划。对于我国来说，低碳经济还是一个尚未成熟的发展领域，虽然可以借鉴发达国家的技术理论知识，但本身还需要完善政策体系。目前中国的低碳经济政策体系的不足主要体现在系统性和有效性两方面。前者体现在过程治理不够完善，缺乏激励政策，没有政策核心要素；后者体现在没有建立有效的政策监管和考核体系等。现阶段，我国应坚持市场主导与政府引导相结合、技术创新与制度建设相结合、生产领域与消费领域相结合的原则，进一步加强对财税、金融、能源、产业、碳汇以及低碳管理等方面政策的管理。

（2）法律法规。我国的低碳经济目前尚处于萌芽阶段，现有的以《煤炭法》《电力法》以及《可再生能源法》等阶段性法律成果为低碳经济的发展作出了巨大贡献。但是相比发达国家，我国现有关于低碳经济的法律法规的不足之处包括缺乏完善的能源基本法律、相关法律的可操作性不强、立法存在滞后性以及缺少相应法律监督体系等问题。涉及能源方面，开发和监管过程中存在重政策轻法律的问题；能源立法应早日提上议程，以待完善低碳经济的法律制度。应从低碳经济的实际需求出发，结合低碳经济运行的特点与规律建立高效率的行政立法体系；完善低碳经济有关金融领域的法律制度，进一步优化在低碳信贷、低碳证券、低碳保险等经济发展领域的法律体系，以保证金融法律对低碳经济的宏观调控起到支撑作用。

思考题

1. 简述低碳经济内涵包含的主要内容。
2. 通过碳排放测度说明社会经济发展对于区域碳排放的作用。
3. 如何利用环境库兹涅茨曲线分析我国近年来的碳排放规律？
4. 低碳经济技术与途径有哪些？

参考文献

[1] 车瑞香，徐华，王民，等. 农业清洁生产技术促进农业低碳减排[J]. 河北农业，2022，331（10）：80-81.

[2] 陈舜，逯非，王效科. 中国氮磷钾肥制造温室气体排放系数的估算[J]. 生态学报，2015，35（19）：6371-6383.

[3] 陈武，李云峰. 我国能源可持续发展的探讨[J]. 能源技术经济，2010，22（5）：17-23.

[4] 单宜虎，黄贤金. 县级区域可持续发展度预测评价——以江苏省高邮市为例[J]. 扬州大学学报（人文社会科学版），2002（2）：77-85.

[5] 杜立民. 中国二氧化碳排放的影响因素：基于省级面板数据的研究[J]. 南方经济，2010（11）：35-44.

[6] 杜祥琬，杨波，刘晓龙，等. 中国经济发展与能源消费及碳排放解耦分析[J]. 中国人口·资源与环境，2015，25（12）：1-7.

[7] 杜雨来. 习近平新发展理念研究[D]. 哈尔滨：哈尔滨师范大学，2022.

[8] 冯利英，李海霞. 我国能源消费、碳排放测度与经济增长关系研究[M]. 北京：中国财政经济出版社，2014.

[9] 付允，汪云林，李丁. 低碳城市的发展路径研究[J]. 科学对社会的影响，2008（2）：5-10.

[10] 辜胜阻，石璐珊. 让绿色经济成为稳增长与调结构的引擎[N]. 中国经济时报，2012-10-11（5）.

[11] 郝吉明，马广大，王书肖. 大气污染控制工程（第3版）[M]. 北京：高等教育出版社，2010.

[12] 赫修贵. 积极推动我国农业高质量发展的思考[J]. 北方论丛，2019，275（3）：14-20.

[13] 胡发龙，柴强，甘延太，等. 少免耕及秸秆还田小麦间作玉米的碳排放与水分利用特征[J]. 中国农业科学，2016，49（1）：120-131.

[14] 胡剑锋，黄海蓉. 低碳工业论[M]. 北京：中国环境出版社，2017.

[15] 江丽华，徐钰. 农田温室气体排放评估与减排技术[M]. 北京：化学工业出版社，2020.

[16] 姜春云. 跨入生态文明新时代——关于生态文明建设若干问题的探讨[J]. 求是，2008，21：19-24.

[17] 姜恒. 臭氧及臭氧层破坏及其保护机制分析[J]. 低碳世界，2017（3）：27-28.

[18] 鞠美庭，楚春礼，于明言，等. 生态文明导论[M]. 北京：化学工业出版社，2020.

[19] 李旸. 我国低碳经济发展路径选择和政策建议[J]. 城市发展研究，2010（2）：55-63.

[20] 李国龙. 生态文明建设法律保障体系的构建思路探索[J]. 法制博览，2021（9）：127-128.

[21] 李红卫. 生态文明——人类文明发展的必由之路[J]. 社会主义研究，2004，6：114-116.

[22] 李小涵，王朝辉，郝明德，等. 黄土高原旱地不同种植模式土壤碳特征评价[J]. 农业工程学报，2010，26（S2）：325-330.

[23] 李小平，卢现祥. 国际贸易、污染产业转移和中国工业 CO_2 排放[J]. 经济研究，2010（1）：15-26.

[24] 李永胜，朱健源. 党的领导：中国特色社会主义生态文明建设的根本保障[J]. 延安大学学报（社会科学版），2020，42（5）：5-10.

[25] 李增福，郑友环. “低碳城市”的实现机制研究[J]. 经济地理，2010，30（6）：949-954.

[26] 林媛，杜立群. 环境生态文明教育[M]. 北京：北京师范大学出版社，2021.

[27] 刘红光，刘卫东. 中国工业燃烧能源导致碳排放的因素分解[J]. 地理科学进展，2009（2）：285-292.

[28] 刘军. 当代人类文明视域下中国特色社会主义道路研究[D]. 济南：山东师范大学，2022.

[29] 刘思华. 生态文明与绿色低碳经济发展总论[M]. 北京：中国财政经济出版社，2011.

[30] 刘艳慧. 低碳经济法律制度探讨[J]. 产业与科技论坛，2021，20（3）：28-29.

[31] 卢风. 生态文明：文明的超越[M]. 北京：中国科学技术出版社，2019.

[32] 吕传坡，张洋，姜义. 绿色革命下中国“双碳”现状及其实现路径分析[J]. 蚌埠学院学报，2022，11（6）：72-76.

[33] 吕忠梅. 生态文明建设的法治思考[J]. 法学杂志，2014，35（5）：10-21.

[34] 罗栋燊，沈维萍，胡雷. 城镇化、消费结构升级对碳排放的影响——基于省级面板数据的分析[J]. 统计与决策，2022，38：89-93.

[35] 门宇. 我国农业低碳生产优化对策研究[J]. 农业经济，2022，427（11）：15-16.

[36] 闵九康. 低碳农业——全球环境安全和人类健康必由之路[M]. 北京：中国农业科学技术出版社，2011.

[37] 倪珊，何佳，牛冬杰，等. 生态文明建设中不同行为主体的目标指标体系构建[J]. 环境污染与防治，2013，35（1）：100-105.

[38] 潘雄锋，舒涛，徐大伟. 中国制造业碳排放强度变动及其因素分解[J]. 中国人口·资源与环境，2011（5）：78-85.

[39] 戚杨健，孔维泽，王晓燕. 基于城市固体废弃物资源化共生网络的无废城市建设研究——以绍兴市为例[J]. 环境污染与防治，2020，42（12）：1549-1552.

[40] 乔国厚，普庆，丘孝一，等. 中国低碳经济发展模式与政策体系研究[M]. 北京：中国地质大学出版社，2012.

[41] 秦大河，卢振林，罗勇，等. 气候变化科学的最新认知[J]. 气候变化研究进展，2007，3（2）：63-73.

[42] 盛世兰. 云南省生态文明建设典型案例集[M]. 昆明：云南教育出版社，2016.

[43] 史刻娟. 低碳循环经济带给我国纺织产业的挑战及机遇[J]. 纺织科技进展，2010（4）：16-18.

[44] 史伟，崔源声，武夷山. 国外水泥工业低碳发展技术现状及前景展望[J]. 水泥，2011（3）：13-16.
[45] 舒永久. 用生态文化建设生态文明[J]. 云南民族大学学报（哲学社会科学版），2013，30（4）：27-31.
[46] [德]斯宾格勒. 西方的没落[M]. 齐世荣，等，译. 北京：商务印书馆，1963.
[47] 宋德勇，卢忠宝. 我国发展低碳经济的政策工具创新[J]. 华中科技大学学报（社会科学版），2009，23（3）：85-91.
[48] 孙进己，干志耿. 文明论：人类文明的形成发展与前景[M]. 北京：人民出版社，2011.
[49] 孙耀华，李忠民. 中国各省区经济发展与碳排放脱钩关系研究[J]. 中国人口・资源与环境，2011，21（5）：87-92.
[50] 王爱国，郭胜川. 生态文明审计：生态文明建设的基础性制度保障[J]. 改革，2021（12）：140-150.
[51] 王波. 低碳经济与我国低碳金融法律制度的建设思考[J]. 法制博览，2017，35：69-70.
[52] 王灿发. 论生态文明建设法律保障体系的构建[J]. 中国法学，2014（3）：4-53.
[53] 王锋，冯根福. 优化能源结构对实现中国碳强度目标的贡献潜力评估[J]. 中国工业经济，2011，4（4）：127-137.
[54] 王洪，李海波. 生态可持续发展概论[M]. 沈阳：东北大学出版社，2010.
[55] 王建平. 以科学和发展的视角理性看待中国印染业的发展现状[J]. 纺织导报，2013（1）：30-30.
[56] 王金南，秦昌波，苏洁琼，等. 国家生态环境监管执法体制改革方案研究[J]. 环境与可持续发展，2015，40（5）：7-10.
[57] 王军，耿建. 资源枯竭型城市可持续发展能力的实证研究[J]. 经济问题，2012，1：46-49.
[58] 王献红. 二氧化碳捕集和利用[M]. 北京：化学工业出版社，2016.
[59] 王雪婷，张俊飚. 双碳战略目标下农业绿色低碳发展的基本路径与制度构建[J]．中国生态农业学报，2022，30（4）：516-526.
[60] 王燕珺. 经济新常态下我国生态文明建设的挑战和机遇[J]. 改革与战略，2016，32（4）：33-37.
[61] 魏巍贤，杨芳. 技术进步对中国二氧化碳排放的影响[J]. 统计研究，2010，27（7）：44-49.
[62] 魏小乐，谢大欣. 环境群体性事件的环境法对策[J]. 法制与社会，2017（21）：52-53.
[63] 魏一鸣. 中国可持续发展管理理论与实践[M]. 北京：科学出版社，2005.
[64] 吴明红，钱雁. 中国生态文明建设成效与面临的挑战——基于省域数据的分析[J]. 行政论坛，2022，29（5）：147-153.
[65] 伍瑛. 生态文明的内涵与特征[J]. 生态经济，2000（2）：38-40.
[66] 奚旦立，徐淑红，高春梅. 清洁生产与循环经济[M]. 北京：化学工业出版社，2013.
[67] 肖庆洲，张波. 生态产业化的实现模式与路径探索[J]. 江苏理工学院学报，2022，28（3）：63-71.
[68] 谢淑娟，匡耀求，黄宁生．中国发展碳汇农业的主要路径与政策建议[J]．中国人口・资源与环境，2010，20（12）：46-51.
[69] 辛章平，张银太. 低碳经济与低碳城市[J]. 城市发展研究，2008，15（4）：98-102.

[70] 徐凤君，盖志毅. 低碳经济论[M]. 北京：科学技术文献出版社，2012.
[71] 徐国泉，刘则渊，姜照华. 中国碳排放的因素分解模型及实证分析：1995—2004[J]. 中国人口·资源与环境，2006，16（6）：158-161.
[72] 徐玖平，李斌. 发展循环经济的低碳综合集成模式[J]. 中国人口·资源与环境，2010，3：66-75.
[73] 徐丽娜. 城镇化进程中山西省碳排放量影响因素分析及预测研究[M]. 北京：中国经济出版社，2016.
[74] 许红. 国外低碳农业发展经验及借鉴[J]. 农业经济，2019（4）：9-11.
[75] 薛建明. 生态文明与低碳经济社会[M]. 安徽：合肥工业大学出版社，2012.
[76] 严法善. 低碳经济是实现可持续发展的必然选择[J]. 电力与能源，2012，33（5）：410-413.
[77] 杨博. 我国电力企业低碳经济之路[J]. 华北电力大学学报（社会科学版），2011（1）：14-18.
[78] 杨龙，徐明庆，蒲健美，等. 农业碳排放效率及影响因素研究[J]. 中国经贸导刊（中），2020，971（6）：103-107.
[79] 杨晓辉，安凌. 关于生态文明建设的环境法治保障探索[J]. 法制博览，2020（36）：141-142.
[80] 姚昕. 中国低碳经济转型中的能源战略调整与政策选择[M]. 厦门：厦门大学出版社，2012.
[81] 岳文飞. 生态文明背景下中国环保产业发展机制研究[D]. 长春：吉林大学，2016.
[82] 翟秀静，刘奎仁，韩庆. 新能源技术，2 版[M]. 北京：化学工业出版社，2010.
[83] 张光紫，张森年. “两山”理论的哲学意蕴与实践价值[J]. 南通大学学报（社会科学版），2018，34（2）：21-25.
[84] 张友国. 经济发展方式变化对中国碳排放强度的影响[J]. 经济研究，2010（4）：55-67.
[85] 张云飞. 生态理性：生态文明建设的路径选择[J]. 中国特色社会主义研究，2015，1：88-92.
[86] 赵华清，邵俊岗. 中国碳排放与经济增长关系的实证研究——基于 EKC 模型[J]. 经济视角，2017，5：9-20.
[87] 周大贵，张菊平，吴希，等. 大力发展绿色高效农业与农产品质量安全的思考[J]. 河北农机，2020，263（5）：15.
[88] 周娟平. 关于我国低碳经济法律制度建设的思考[J]. 江苏商论，2015，4：71-73.
[89] 周生贤. 中国特色生态文明建设的理论创新和实践[J]. 求是，2012，19：16-19.
[90] 周璇. 产业区位商视角下环境污染与经济增长关系的研究[D]. 北京：中国地质大学（北京），2014.
[91] 庄贵阳，李红玉，朱守先. 低碳城市发展规划的功能定位于内容解析[J]. 城市发展研究，2011，18（8）：88-91.
[92] 庄贵阳. 中国经济低碳发展的途径与潜力分析[J]. 国际技术经济研究，2005，3：8-12.
[93] Ang B W，Liu Na. Handling zero values in the logarithmic mean divisia index decomposition approach[J]. Energy Policy，2005（11）：238-246.
[94] Ang B W，Zhang F Q，Choi K H. Factorizing Changes in Energy and Environmental Indicators through

Decomposition[J]. Energy，1998，23（6）：489-495.

[95] Maas Bea，Fabian Yvonne，Kross Sara M，et al. Divergent farmer and scientist perceptions of agricultural biodiversity， ecosystem services and decision-making[J]. Biological Conservation，2021，256.

[96] Matthew A Cole，Robert J R Elliott，Kenichi Shimamoto. Industrial characteristics，environmental regulations and air pollution：An analysis of the UK manufacturing sector[J]. Journal of Environmental Economics and Management，2005（50）：121-143.

[97] McKinsey. Agriculture and climate change：Reducing emissions through improved farming practices[R]. New York：McKinsey & Company Report，2020.

[98] Naveed A，Ahmad N，Fathollah Zadeh Aghdam，et al. What have we learned from Environmental Kuznets Curve hypothesis？A citation-based systematic literature review and content analysis[J]. Energy Strategy Reviews，2022，44，100946.

[99] Yang Huan，Wang Xiaoxuan，Bin Peng. Agriculture carbon-emission reduction and changing factors behind agricultural eco-efficiency growth in China[J]. Journal of Cleaner Production，2022，334.